Une collection dirigée par Jean-Luc Caron

Jean-Luc Caron
Illustrations de
Manu Ruch

Opérations et numération CE2

- Maîtriser la numération des entiers naturels
- Connaître le sens et les techniques opératoires de l'addition, de la soustraction et de la multiplication
- Comprendre le sens de la division
- Aborder les écritures fractionnaires simples

RETZ
www.editions-retz.com
1, rue du Départ
75014 PARIS

Sommaire

Conception graphique : Studio Imaginis
Adaptation et réalisation : Christine Paquereau
Édition : Adeline Guérin
Illustrations : Manu Ruch
Corrections : Gérard Tassi

N° de projet : 10129756
Dépôt légal : Juin 2006
Achevé d'imprimer en France sur les presses d'E.M.D. S.A.S,
53110 Lassay-les-Châteaux - N° de dossier : 15533

Fiche 1

LES NOMBRES DE 0 À 99 (1)

Nous proposons, au début de cet ouvrage, deux fiches consacrées aux nombres de 0 à 99 sur les deux aspects de la numération : cardinale (le nombre désigne une quantité, les éléments d'un ensemble) et ordinale (le nombre est considéré comme un élément occupant une place, un rang dans la suite des nombres).

Ces nombres sont étudiés et normalement connus des élèves depuis le CP. Cependant, avant de passer à des plus grands nombres, il est essentiel que les enfants acquièrent une bonne compréhension du système de l'écriture décimale des nombres et des stratégies de comparaison et de rangement des cent premiers nombres.

OBJECTIFS :
– connaître l'écriture littérale et chiffrée des nombres de 0 à 99 ;
– comprendre la différence entre chiffre et nombre ;
– savoir décomposer un nombre en dizaines et unités ;
– reconnaître différentes écritures d'un même nombre : additives, soustractives, multiplicatives.

Fiche 1a

Nous préconisons ici un travail par groupes de deux ou trois élèves.
Le premier exercice est relativement simple à condition que les élèves aient bien perçu ce à quoi correspondent une grande et une petite bougie.
Le second exercice nécessite la mise en place d'une stratégie et on demandera aux différents groupes de s'exprimer sur celle employée lors d'une correction collective.
En préalable au troisième exercice, l'enseignant pourra, sous la dictée et l'épellation des élèves, écrire les quinze mots qui permettent d'écrire tous les nombres de 1 à 99. Il distribuera la fiche 1b pour que les élèves découvrent et appliquent les règles de « s » et des tirets.

Fiche 1b

Le travail pour cette fiche est à effectuer individuellement. On veillera au bon respect des règles d'écriture littérale des nombres tel qu'il est expliqué dans le *Pour t'aider.*

1 La représentation de nombres sur des abaques est probablement déjà connue des élèves. Pour ceux qui éprouveraient des difficultés, on fera remarquer la position des barres et la corrélation à l'écriture décimale. En prolongement, on pourra proposer l'exercice inverse qui consiste à faire représenter des nombres sur des abaques.

3 La distinction entre chiffre des unités et nombre d'unités n'est pas facile pour des enfants de l'âge du CE2. Il est essentiel de comprendre que les chiffres ne sont que des signes servant à écrire des nombres (comme les lettres servent à écrire les mots). Il est souvent nécessaire de faire visualiser ou de manipuler (en découpant des barres d'une dizaine en 10 unités) pour que les enfants comprennent que dans 26, il y a 26 unités, ce qui est égal à 2 dizaines et 6 unités, que le chiffre des dizaines est 2 et celui des unités 6.

CORRIGÉS

Fiche 1a

1 Les personnages de gauche à droite (sauf l'arrière-grand-mère) doivent successivement être reliés au gâteau qui comporte : 3 petites bougies, 8 petites bougies, 3 grandes bougies et 2 petites, 5 grandes et 4 petites bougies.

2 Les seize bougies : 9 grandes et 7 petites.

3 Lucie est une fille de **huit** ans. Son petit frère Adrien a **cinq** ans de moins qu'elle, il a donc **trois** ans. La mère de Lucie, Anne, a **trente-deux** ans et son grand-père Marcel **cinquante-quatre** ans. Quant à l'arrière-grand-mère, tu as déjà découvert qu'elle a **quatre-vingt-dix-sept** ans.

4 Lucie : 5 + 3 ; 10 – 2.
Adrien : 5 – 2 ; 3 x 1.
La mère de Lucie : 30 + 2 ; 10 + 10 + 10 + 2 ; 20 + 12.
Le grand-père : 50 + 4 ; 20 + 20 + 14 ; 60 – 6 ; (5 x 10) + 4.
L'arrière-grand-mère : 20 + 20 + 20 + 20 + 17 ; (9 x 10) + 7 ; 80 + 17.

Fiche 1b

1 Successivement, les abaques représentent les nombres suivants :
53 (cinquante-trois) - 80 (quatre-vingts) - 72 (soixante-douze) - 7 (sept)

2

65	60 + 5	soixante-cinq
18	10 + 8	dix-huit
9	9	neuf
60	60	soixante
37	30 + 7	trente-sept

3

Nombre	26	8	70	51
Chiffre des dizaines	2		7	5
Chiffre des unités	6	8	0	1
Nombre de dizaines	2		7	5
Nombre d'unités	26	8	70	51

Fiche 2

Les nombres de 0 à 99 (2)

Objectifs :

– distinguer les nombres pairs et les nombres impairs ;
– comparer des nombres jusqu'à 100 ;
– utiliser les signes conventionnels pour comparer des nombres jusqu'à 99 ;
– ranger des nombres jusqu'à 99 dans l'ordre croissant ou décroissant.

Fiche 2a

1 Avant de passer au second exercice, qui se travaillera en individuel pour le plaisir de réaliser son dessin, nous préconisons un travail par deux pour le premier exercice, suivi d'une correction collective immédiate.

2 On proposera aux élèves de colorier le dessin une fois celui-ci obtenu et après vérification du bon tracé.

Fiche 2b

On s'assurera de la bonne compréhension du *Pour t'aider* avant de passer aux exercices de cette page, que les enfants effectueront individuellement. Nous conseillons aussi une correction individuelle pour comprendre où se situent les difficultés de certains élèves.

4 L'enseignant expliquera au préalable le sens de l'expression « encadrer à l'unité ». En prolongement, il pourra proposer aux élèves d'encadrer les mêmes nombres à la dizaine.

5 On conseillera aux élèves de barrer les nombres au fur et à mesure de leur écriture sur les marches de l'escalier.

Corrigés

Fiche 2a

1 a. nombres impairs c. ordre croissant
b. nombres pairs d. ordre décroissant

Fiche 2b

1 76 < 81	40 + 5 < 50 + 1	72 > 69
80 + 12 = 90 + 2	78 = 60 + 18	87 > 70 + 8

2 Il manque les nombres : 92 – 78 – 76 – 74 – 72 – 70.

3 La boule 76 doit être coloriée en vert, les boules 83, 85, 91, 98 en bleu, et les autres en jaune.

4 44 < 45 < 46	78 < 79 < 80	17 < 18 < 19
89 < 90 < 91	69 < 50 + 20 < 71	79 < 8 x 10 < 81

5 12 < 26 < 34 < 42 < 45 < 54 < 56 < 65 < 70 < 78 < 87 < 89 < 95

Fiche 3

Écritures additives

Les fiches 3 et 4 permettent aux élèves de s'entraîner à l'appropriation des tables d'addition et de soustraction. La connaissance de ces tables est indispensable pour maîtriser le calcul posé de ces opérations.

Il sera probablement nécessaire de revenir à cet apprentissage afin de permettre une appropriation progressive. On pourra effectuer, par exemple, des exercices avec la méthode Lamartinière (l'enseignant donne une écriture additive et les élèves doivent écrire le nombre entier correspondant sur l'ardoise). L'enseignant pourra aussi créer un jeu de Mémory comme celui proposé en fiche 22 pour les tables de multiplication.

Objectifs :

– construire et s'approprier la table d'addition ;
– retrouver les différentes écritures additives d'un nombre (jusqu'à 20) ;
– appréhender la commutativité de l'addition (5 + 4 = 4 + 5) et son élément neutre 5 + 0 = 5.

Fiche 3a

Nous préconisons un travail individuel pour le plaisir de découvrir et de colorier « son » dessin.

Fiche 3b

1 Même si chaque élève devra réaliser sa table d'addition, on pourra mettre en place des groupes de deux à quatre élèves pour s'entraider à la remplir.

2 On mettra en évidence la commutativité de l'addition en faisant remarquer les écritures additives « symétriques » : 4 + 3 = 3 + 4.
En prolongement, on pourra demander les écritures additives d'autres nombres et mettre en évidence que le nombre d'écritures additives est supérieur d'une unité au nombre considéré (6 écritures pour le nombre 5, 8 pour le nombre 7, etc.)

Corrigés

Fiche 3b

2 7 : 0 + 7 ; 1 + 6 ; 2 + 5 ; 3 + 4 ; 4 + 3 ; 5 + 2 ; 6 + 1 ; 7 + 0.
11 : 0 + 11 ; 1 + 10 ; 2 + 9 ; 3 + 8 ; 4 + 7 ; 5 + 6 ; 6 + 5 ; 7 + 4 ; 8 + 3 ; 9 + 2 ; 10 + 1 ; 11 + 0.

Fiche 4

Écritures soustractives

Objectifs :

– construire et s'approprier la table de soustraction ;
– retrouver différentes écritures soustractives d'un nombre ;
– percevoir le rôle du 0, élément neutre de la soustraction.

Fiche 4a

Nous préconisons là encore un travail individuel pour le plaisir de découvrir et de colorier « son » dessin.

Fiche 4b

Même si, comme pour la table d'addition, chaque élève devra réaliser sa table de soustraction, on pourra mettre en place des groupes de deux à quatre élèves afin qu'ils s'entraident à la remplir. Ils seront aussi en groupe pour réfléchir aux questions d'observation 2 et 3. Lors du remplissage, on expliquera que des croix barrent les cases lorsqu'on ne peut pas effectuer la soustraction. Dans l'écriture soustractive, le premier nombre doit toujours être plus grand ou égal au second (dans l'ensemble des entiers naturel qui est celui étudié à l'école élémentaire). Lors de la correction, l'enseignant attirera l'attention sur le rôle du 0.

CORRIGÉS

Fiche 4b

2 Les nombres sont tous supérieurs à 9, donc ont deux chiffres.

3 La soustraction ne peut pas être effectuée.

Fiche 5

ADDITION/SOUSTRACTION (1)

Les deux fiches suivantes ont pour objet le sens de l'addition et de la soustraction dans un contexte ludique. Nous voulons travailler ici sur le sens et non sur la technique. Aucune des situations proposées ne nécessite de poser une opération. L'élève pourra utiliser la droite ou la suite numérique ou de le calcul mental.

OBJECTIFS :

– percevoir le sens de l'addition et de la soustraction ;
– s'entraîner au calcul mental ;
– trouver le résultat d'additions ou de soustractions dans des situations simples, ludiques ou non, et permettant l'utilisation de la droite ou de la suite numérique.

Fiche 5a

Il est préférable de photocopier cette fiche sur du papier épais et dans la mesure du possible en format A3. On distribuera une fiche de jeu par groupe de deux à quatre élèves et une règle du jeu par élève (voir page 22).
Les élèves liront la règle du jeu et en discuteront entre eux. L'enseignant passera dans chaque groupe pour s'assurer de sa bonne compréhension. Pendant le jeu, il incitera les élèves à ne pas avancer en comptant case par case, mais à rechercher des stratégies pour prévoir précisément la case sur laquelle ils doivent poser leur pion.
Ce jeu pourra être conservé dans la ludothèque de la classe afin que les enfants y rejouent.

Fiche 5b

1 L'enseignant tracera la droite numérotée de 1 en 1 au tableau et demandera aux élèves d'effectuer la première opération. Lors d'une correction collective, on exposera les différentes stratégies pour trouver le résultat. Les élèves chercheront les résultats des autres opérations avant de faire de nouveau une correction collective.
L'enseignant tracera ensuite la règle numérotée de 5 en 5, et procédera de la même façon que précédemment.

2, **3** et **4** Ces résolutions de problèmes peuvent être travaillées en petits groupes pour favoriser le débat et la réflexion. On exposera les différentes démarches utilisées lors de la correction collective et on réfléchira ensemble à la plus efficiente.

CORRIGÉS

Fiche 5b

1 39 + 13 = 52 55 – 10 = 45 53 – 15 = 38
69 + 11 = 80 65 + 19 = 84 80 – 14 = 66 85 – 19 = 66

2 **a.** La baguette avait une longueur de 69 cm.
b. La baguette aura une longueur de 59 cm.

3 La température a augmenté de 18 °C.

4 L'automobiliste a diminué sa vitesse de 50 km/h.

Fiche 6

ADDITION/SOUSTRACTION (2)

OBJECTIFS :

– percevoir le sens de l'addition ou de la soustraction ;
– s'entraîner au calcul mental ;
– ne pas tomber dans le piège des associations de mots (par exemple : je lis « augmenter », je calcule donc une addition).

Fiches 6a et 6b

Comme pour la fiche 5a, il est préférable de photocopier cette fiche sur du papier épais et dans la mesure du possible en format A3. L'enseignant distribuera une fiche de jeu par groupe de deux élèves et une des deux règles du jeu par élève (voir page 22). Lors d'une autre séance, l'enseignant reprendra ce jeu en proposant l'autre règle.
Pendant le jeu, l'enseignant passera de table en table pour départager les élèves en cas de désaccord. Il en profitera pour leur montrer qu'il faut être particulièrement attentif à l'ensemble du texte du problème et à la situation qu'il expose et ne pas se laisser influencer par certains mots qui feraient penser à une opération particulière.
En effet, certains mots qui paraissent induire telle ou telle opération peuvent s'avérer particulièrement trompeurs. Par exemple, le mot « augmentation » semble induire l'utilisation de l'addition (association d'« augmentation » à « plus »), et pourtant dans bien des situations où ce mot sera employé, l'addition ne sera pas appropriée pour calculer le résultat. Il faut donc éviter que l'enfant fonctionne en quelque sorte par « réflexe conditionné » à la lecture d'un mot ou d'une expression.
Ce jeu de cartes sera conservé dans la ludothèque.

CORRIGÉS

Carte 1 : 34 billes – **Carte 2 :** 21 cartes – **Carte 3 :** 24 € – **Carte 4 :** 9 °C. – **Carte 5 :** 10 ans – **Carte 6 :** 20 billes – **Carte 7 :** 12 € – **Carte 8 :** 9 vaches – **Carte 9 :** 25 € – **Carte 10 :** 18 kg – **Carte 11 :** 23 km – **Carte 12 :** 14 € – **Carte 13 :** 6 billes – **Carte 14 :** 31 images – **Carte 15 :** 17 pommes – **Carte 16 :** 8 € – **Carte 17 :** 30 °C. – **Carte 18 :** 40 pages.

Fiche 7 - Évaluation (1)

Nous conseillons de faire passer les deux fiches sur deux séquences de travail distinctes (sur deux jours, par exemple). Chaque séquence de travail sera suivie d'une correction immédiate et d'une aide pour remplir la fiche bilan (page 24). Ces fiches bilan sont une façon de sensibiliser l'élève, dans une démarche dynamique, sur ses compétences (acquises, non acquises ou en voie d'acquisition) et de mettre en évidence les points qu'il faudra lui permettre de retravailler par la suite. Il n'est absolument pas question de considérer l'évaluation comme une « sanction » sur l'état des connaissances.
Le tableau ci-dessous est une aide pour remplir le bilan d'évaluation individuel des élèves (page 24) ; il permet de retrouver facilement la fiche étudiée précédemment afin de prévoir des actions de remédiation.

Tableau de correspondance
de la fiche évaluation p. 24

Compétence	Exercices de l'évaluation	Fiches
Numération jusqu'à 99		
Écrire un nombre en chiffres	1	1
Écrire un nombre en lettres	1	1
Décomposer un nombre	1	1
Retrouver le chiffre des unités dans un nombre	2	1
Retrouver le chiffre des dizaines dans un nombre	2	1
Retrouver le nombre d'unités dans un nombre	2	1
Retrouver le nombre de dizaines dans un nombre	2	1
Savoir utiliser les signes <, >, =	3	2
Encadrer un nombre à l'unité	4	2
Ranger des nombres en ordre croissant	5	2
Opérations		
Compléter des écritures additives	6 et 8	3
Compléter des écritures soustractives	6 et 8	4
Combiner des nombres pour en retrouver un	7	3
Calculer de tête une addition simple	8	3 et 5
Calculer de tête une soustraction simple	8	4 et 5
Calculer une opération à l'aide d'une droite numérique	9	5
Résoudre un problème en utilisant l'addition ou la soustraction	10	6

CORRIGÉS

1 78 | 70 + 8 | (7 x 10) + 8 | soixante-dix-huit
92 | 90 + 2 | (9 x 10) + 2 | quatre-vingt-douze
57 | 50 + 7 | (5 x 10) + 7 | cinquante-sept

2

Nombre	32	80	9	55
Chiffre des dizaines	3	8		5
Chiffre des unités	2	0	9	5
Nombre de dizaines	3	8		5
Nombre d'unités	32	80	9	55

3 66 < 71 | 20 + 5 < 30 + 1 | 92 > 89
60 + 15 = 70 + 5 | 98 = 80 + 18 | 86 > 70 + 9

4 39 < 40 < 41 | 70 < 60 + 11 < 72 | 28 < 29 < 30
94 < 95 < 96 | 39 < 20 + 20 < 41 | 59 < 6 x 10 < 61

5 12 < 16 < 29 < 32 < 34 < 42 < 54 < 56 < 65 < 68 < 70 < 77 < 89 < 90

6 7 + 5 = 12 | 8 + 6 = 14 | 15 + 5 = 20
6 + 6 = 12 | 9 + 8 = 17 | 8 + 7 = 15
11 + 9 = 20 | 5 + 8 = 13 | 7 + 7 = 14

7 Deux possibilités : 8 ; 2 ; 10 ou 8 ; 7 ; 5

8 17 – 8 = 9 | 19 – 7 = 12 | 15 – 5 = 10
16 + 9 = 25 | 13 – 7 = 6 | 12 – 5 = 7
20 – 11 = 9 | 18 – 6 = 12 | 11 – 6 = 5

9 49 + 13 = 62 ; 57 – 11 = 46 ; 63 – 12 = 51 ;
79 + 11 = 90 ; 75 + 19 = 94 ; 80 + 14 = 94 ; 95 – 19 = 76

10 **a.** Elle possédait 8 billes.
b. Monsieur Jules possède 27 poules.

Fiche 8

Les nombres jusqu'à 999 (1)

Les fiches 8 et 10 sont consacrées à la numération cardinale des nombres comportant 3 chiffres maximum.
Il est essentiel que les élèves comprennent réellement la signification de chaque chiffre et qu'ils soient aptes à décomposer un nombre en centaines, dizaines et unités. C'est non seulement important pour l'étude de la numération, mais aussi pour comprendre les fonctionnements des techniques opératoires.
Une troisième fiche (n°12) étudie l'aspect ordinal des nombres jusqu'à 999.

Objectifs :

– appréhender la numération cardinale des nombres jusqu'à 999 ;
– comprendre ce que représente chaque chiffre dans un nombre de 3 chiffres ;
– connaître l'écriture littérale et chiffrée des nombres de 0 à 999.

Fiche 8a

Cette fiche propose de découvrir les nombres à trois chiffres en manipulant des représentations de centaines, de dizaines et d'unités. Afin de faciliter ces manipulations, nous conseillons, dans la mesure du possible, de photocopier cette fiche sur du papier épais.
Lorsque le travail de cette fiche sera fini, l'enseignant distribuera à chaque élève une enveloppe pour conserver le matériel qui sera utile par la suite.
Dans un premier temps, les élèves découpent les plaques selon les consignes, puis ils nomment chaque type d'élément : une plaque de 100 unités, c'est une centaine (d'unités), une barre de dix unités, c'est une dizaine (d'unités). Le matériel est mis en commun pour pouvoir

réaliser les exercices **2** et **3**. Avant que les groupes de deux élèves n'effectuent l'exercice **2**, l'enseignant demande de représenter un nombre assez simple – par rapport à ceux qui ont 0 comme chiffre des dizaines ou des unités – qu'il écrit au tableau (par exemple 625). Lors d'une correction collective, il explique le procédé.
Pour les exercices **2** et **3**, l'enseignant passe dans les rangs et vérifie les représentations des binômes d'élèves.
En revanche, l'exercice **4** est à réaliser individuellement, chaque élève pouvant utiliser le matériel pour s'aider.

Fiche 8b

L'enseignant s'assurera de la bonne compréhension du *Pour t'aider* avant de passer aux exercices de cette page, que les enfants effectueront individuellement.
En prolongement de l'exercice **1**, on pourra demander aux élèves de dessiner des abaques représentant des nombres donnés. On pourra aussi faire écrire des nombres sous la forme : 654 = 6c + 5d + 4 u ; 806 = 8c + 6u.
Il est conseillé d'effectuer une correction collective de l'exercice **2** avant de passer au **3**.

CORRIGÉS

Fiche 8a

4 602
240

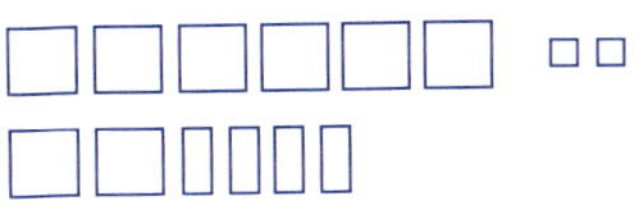

Fiche 8b

1 Successivement, les abaques représentent les nombres suivants :

621 (six cent vingt et un) - 370 (trois cent soixante-dix) - 900 (neuf cents)

2 Le VTT de Lionel coûte 245 euros.

3

Fiche 9

ÉCRITURES MULTIPLICATIVES

OBJECTIFS

– construire et savoir utiliser une multiplication sous la forme d'une table de Pythagore ;
– appréhender la commutativité de la multiplication (5 x 4 = 4 x 5) et son élément neutre 5 x 1 = 5 ;
– comprendre la fonction du 0 dans une multiplication.

Fiches 9a et 9b

Même si l'enseignant distribue une fiche par élève, ces derniers peuvent se placer par deux pour échanger et partager les résultats des multiplications qu'ils connaissent. Ils ne devront colorier que les parties dont ils sont absolument sûrs.
Pendant que les enfants colorient, l'enseignant reporte la table de la fiche 9b sur le tableau. Lorsqu'ils ont terminé de colorier, la fiche 9b leur est distribuée. Alors, l'enseignant demande à chaque élève de lui donner un résultat qu'il a trouvé sur la fiche 9a, puis il lui montre comment le reporter sur la table. Bien entendu, les autres élèves peuvent intervenir pour indiquer leurs éventuels désaccords.
Chaque groupe de deux réfléchit ensuite à la façon dont fonctionne la table (tableau à double entrée). Lors d'une mise en commun de ces réflexions, on repère les propriétés de la multiplication facilitant le remplissage de cette table :
– 5 x 4 = 4 + 4 + 4 + 4 + 4 ;
– 7 x 3 = (6 x 3) + 3 ;
– n x 1 = n ;
– n x 0 = 0.
Les élèves sont invités à remplir leur table au crayon, de façon à pouvoir effacer. On passe ensuite à une correction collective au tableau et les élèves corrigent leur table. En fin de séance, l'enseignant récupère les tables et les coloriages des élèves pour les vérifier.

Lors d'une séance suivante, on reprend les deux fiches. Par groupes de deux, les élèves réfléchissent aux questions **2** et **3** de la fiche 9b, avant d'effectuer une correction collective. Les élèves complètent leur coloriage ou le recommencent s'il y avait des erreurs, en appliquant les propriétés de la multiplication vues lors du remplissage de la table et en s'aidant de celle-ci en cas de besoin.

CORRIGÉS

Fiche 9b

2 Les cases ne contiennent que des 0. Quel que soit le nombre multiplié par 0, le résultat est toujours 0.

3 Les cases contiennent le nombre multiplié par 1. Quel que soit le nombre multiplié par 1, le résultat est égal à ce nombre.

Fiche 10

LES NOMBRES JUSQU'À 999 (2)

OBJECTIFS :

– comprendre ce que représente chaque chiffre dans un nombre de 3 chiffres ;
– connaître l'écriture littérale et chiffrée des nombres de 0 à 999 ;
– savoir décomposer un nombre en dizaines et unités ;
– comprendre la différence entre chiffre des centaines, des dizaines et des unités et nombre de centaines, de dizaines et d'unités.

Fiche 10a

L'enseignant distribue la fiche 10a, photocopiée, si possible, sur du papier cartonné, aux élèves placés par groupes de 2, 3 ou 4 joueurs et donne une règle du jeu (page 22) par élève. Les élèves découpent soigneusement les cartes, puis lisent la règle du jeu et discutent entre eux à propos de cette règle ; l'enseignant devra s'assurer de sa bonne compréhension dans chaque groupe.

Nous conseillons de faire commencer le jeu de Mémory par 8 cartes (4 paires de deux nombres égaux), puis d'augmenter progressivement le jeu d'une ou deux paire(s) supplémentaire(s) par partie suivante, selon la facilité à jouer ou les difficultés rencontrées.

Comme les précédents, ce jeu est à conserver dans la ludothèque de la classe.

Fiche 10b

Les deux premiers exercices reprennent les systèmes de décomposition de nombres que les enfants ont déjà rencontrés dans le jeu de Mémory. Nous conseillons une correction immédiate après chaque exercice pour s'assurer de la bonne compréhension de ces décompositions.

Pour réaliser l'exercice **3**, les élèves pourront consulter le *Pour t'aider* de la fiche 8b.

Pour l'exercice **4**, les élèves pourront s'aider du matériel découpé de la fiche 8a. Ainsi que nous l'avons évoqué pour la fiche 1, la distinction entre chiffre des unités et nombre d'unités n'est pas facile à faire pour des enfants de l'âge du CE2. Il en est de même pour chiffre des dizaines et nombre de dizaines dans un nombre à trois chiffres.

CORRIGÉS

Fiche 10b

1 678 = 600 +70 + 8 = (6 x 100) + (7 x 10) + 8
98 = 90 + 8 = (9 x 10) + 8
350 = 300 + 50 = (3 x 100) + (5 x 10)
607 = 600 + 7 = (6 x 100) + 7

2 D'une même couleur :
- 63 = 60 + 3 = (6 x 10) + 3
- 603 = 600 + 3 = (6 x 100) + 3
- 630 = 600 + 30 = (6 x 100) + (3 x 10)
- 636 = 600 + 30 + 6 = (6 x 100) + (3 x 10) + 6

3

Trois cent quatre-vingt-six	(3 x 100) + (8 x 10) + 6	386
Cinq cent vingt-huit	(5 x 100) + (2 x 10) + 8	528
Six cent six	(6 x 100) + 6	606
Trois cent quarante-trois	(3 x 100) + (4 x 10) + 3	343
Huit cent quatre	(8 x 100) + 4	804

4

Nombre	765	310	678	548
Chiffre des centaines	7	3	6	5
Chiffre des dizaines	6	1	7	4
Chiffre des unités	5	0	8	8
Nombre de centaines	7	3	6	5
Nombre de dizaines	76	31	67	54
Nombre d'unités	765	310	678	548

Fiche 11

TECHNIQUE DE L'ADDITION

OBJECTIFS :

– comprendre la technique de l'addition à retenues posée en colonnes ;
– être capable de l'appliquer ;
– savoir discerner les additions qu'il est nécessaire de poser en colonnes pour en calculer le résultat et celles qu'il est possible de calculer de tête ou posées en ligne.

Fiche 11a

Nous préconisons, ici, un travail par groupes de deux élèves parce que les échanges participent souvent à la compréhension individuelle, mais aussi parce que les élèves devront utiliser le matériel de manipulation de la fiche 8a prévu pour deux.

Pendant les manipulations nécessaires à l'exercice **1**, l'enseignant passera dans les groupes pour s'assurer que les élèves effectuent les échanges nécessaires (10 petits carrés d'une unité par une barre d'une dizaine, 10 barres d'une dizaine par une plaque d'une centaine).

La correction collective sera immédiate en dessinant carrés, barres et plaques au tableau ; on fera le lien avec l'addition posée.

Pour l'exercice **2**, dès qu'un groupe de deux élèves a terminé une opération, il montre le fruit des manipulations et le calcul posé à l'enseignant, qui valide ou rectifie les sources d'erreurs.

De même, pour l'exercice **3**, l'enseignant passe dans les groupes pour aider à la compréhension de la situation ou pour relancer lorsqu'il y a des difficultés pour la résolution.

Lors de la correction collective, les différentes méthodes pour parvenir au résultat seront examinées.

Fiche 11b

Avant de procéder à un travail individuel sur cette fiche, on s'assurera de la bonne compréhension du *Pour t'aider*.

Lors de la correction de l'exercice **1**, on examinera les différentes méthodes employées pour trouver le résultat, et l'enseignant insistera sur le fait qu'il n'est pas toujours nécessaire de poser une opération en colonnes.

Les élèves pourront travailler par deux pour résoudre le carré magique de l'exercice **3**.

CORRIGÉS

Fiche 11a

1
$$\begin{array}{r} {}^{1}\,{}^{1} \\ 146 \\ +\,255 \\ \hline 401 \end{array}$$

2
$$\begin{array}{r} {}^{1} \\ 337 \\ +\,249 \\ \hline 586 \end{array} \qquad \begin{array}{r} {}^{1} \\ 126 \\ +\,282 \\ \hline 408 \end{array} \qquad \begin{array}{r} {}^{1}\,{}^{1} \\ 156 \\ +\;\;78 \\ \hline 234 \end{array}$$

3 Monsieur Jules a rempli 6 caissettes et 3 boîtes d'œufs. Ses poules ont pondu 638 œufs.

Fiche 11b

1 176 + 342 = 518 ; 300 + 120 = 420 ; 145 + 230 = 375 ; 668 + 57 = 725 ; 100 + 150 + 200 = 450 ; 765 + 43 = 808

2

1	1 1	1 1	2 1
356	107	72	358
+ 73	+ 598	+ 339	+ 69
			+ 81
429	705	411	508

3

29	54	49
64	44	24
39	34	59

Fiche 12

Les nombres jusqu'à 999 (3)

Objectifs :

– savoir comparer des nombres jusqu'à 999 ;
– savoir utiliser les signes conventionnels pour comparer des nombres jusqu'à 999 ;
– être capable de ranger des nombres jusqu'à 999 en ordre croissant ou décroissant ;
– encadrer un nombre à la dizaine ;
– intercaler un nombre ;
– repérer l'occurrence dans une suite et la compléter.

Fiche 12a

Ce jeu doit être effectué de façon individuelle, ne serait-ce que pour le plaisir de découvrir le dessin. En revanche, le second exercice peut être effectué individuellement ou par groupes de deux. L'enseignant aidera les élèves qui ne parviennent pas à démarrer à trouver un ou deux nombres.

Fiche 12b

Cette fiche est à travailler individuellement.

Les élèves pour lesquels les exercices **2** et **3** posent des difficultés peuvent revoir la fiche 2 afin de retrouver le rôle des signes <, >, = et se remémorer la signification du mot « encadrer ».

Avant de faire l'exercice **4**, l'enseignant demandera de réfléchir à ce que signifie le mot « intercaler ».

CORRIGÉS

Fiche 12a

2 543 > 534 > 453 > 435 > 354 > 345

Fiche 12b

1 Les nombres coloriés en jaune sont : 101 – 507 – 395 – 99. Les nombres coloriés en bleu sont : 231 – 705 – 505 – 908.

Le nombre le plus petit est 99, alors que le nombre le plus grand est 908.

2 796 < 810 400 + 5 < 400 + 50 702 > 697
500 + 100 + 20 = 600 + 20 700 > 698 870 > 700 + 98

3 40 < 45 < 50
690 < 600 + 99 < 700
650 < 600 + 50 + 4 < 660
900 < 905 < 910
90 < 80 + 11 < 100
540 < 500 + 40 + 9 < 550

4 Il existe plusieurs, voire beaucoup de solutions selon les cas.

5 L'étiquette coloriée est celle qui porte le numéro 502.

6 569 – 571 – 573 – 575 – 577 – 579 – 581 – 583 – 585
415 – 410 – 405 – 400 – 395 – 390 – 385 – 380 – 375

Fiche 13

Addition/multiplication (1)

Objectifs :

– percevoir le sens de l'addition et de la multiplication ;
– s'entraîner au calcul mental.

Fiches 13a et 13b

Comme pour la fiche 6a, il est préférable de photocopier cette fiche sur du papier épais et dans la mesure du possible en format A3. L'enseignant distribuera une fiche de jeu pour deux élèves et une des deux règles du jeu par élève (page 22). Lors d'une autre séance, l'enseignant reprendra ce jeu en proposant l'autre règle.

Pour ces fiches, les élèves pourront utiliser, en cas de besoin, la fiche 9b.

Pendant le jeu, l'enseignant veillera au bon déroulement des parties.

CORRIGÉS

Carte 1 : 32 truffes – **Carte 2 :** 16 cartes – **Carte 3 :** 18 œufs – **Carte 4 :** 30 œufs – **Carte 5 :** 12 € – **Carte 6 :** 7 kg – **Carte 7 :** 48 images – **Carte 8 :** 14 images – **Carte 9 :** 63 jours – **Carte 10 :** 16 jours – **Carte 11 :** 9 € – **Carte 12 :** 14 € – **Carte 13 :** 7 kg – **Carte 14 :** 12 kg – **Carte 15 :** 7 comprimés – **Carte 16 :** 21 comprimés – **Carte 17 :** 12 km – **Carte 18 :** 35 km.

Fiche 14 - Évaluation (2)

Les remarques préalables que nous indiquions pour la fiche d'évaluation 1 (fiche 7) sont valables ici.

Le tableau permet de remplir le bilan d'évaluation individuel des élèves page 25 et de retrouver la fiche étudiée précédemment pour prévoir des actions de remédiation.

Tableau de correspondance de la fiche évaluation p. 25

Compétence	Exercices de l'évaluation	Fiches
Numération jusqu'à 999		
Écrire un nombre en chiffres	1	8 et 10
Représenter un nombre de 3 chiffres	1 et 2	8
Décomposer un nombre de 3 chiffres	1, 2 et 3	8 et 10
Ranger des nombres de 3 chiffres	4	12
Opérations		
Connaître quelques résultats des tables de multiplication	5	9
Savoir utiliser la table de multiplication	5	9
Savoir utiliser la technique de l'addition	6	11
Discerner les additions qu'il est nécessaire de poser en colonnes	6	11
Percevoir le sens de l'addition et de la multiplication	7	13
Calculer de tête	7	13

CORRIGÉS

1 Les abaques doivent représenter successivement les nombres suivants :
572 (cinq cent soixante-douze) – 701 (sept cent un) – 48 (quarante-huit)

2

541 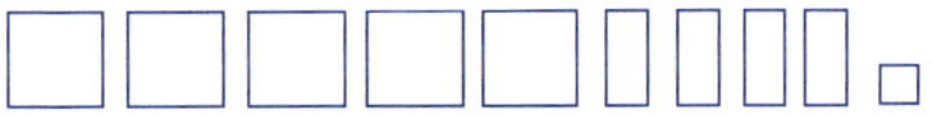

506 

340 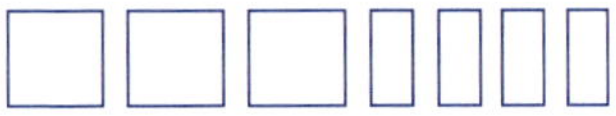

3 D'une même couleur :

- 81 = 80 + 1 = (8 x 10) + 1
- 180 = 100 + 80 = 100 + (8 x 10)
- 801 = 800 + 1 = (8 x 100) + 1
- 810 = 800 + 10 = (8 x 100) + 10

4 **a.** 98 – 106 – 172 – 239 – 457 – 509 – 592 – 799 – 807 – 887 – 905
b. 972 – 907 – 807 – 625 – 532 – 502 – 435 – 405 – 207 – 197 – 105

5

5 x 7 = 35	3 x 4 = 12	5 x 9 = 45
2 x 3 = 6	5 x 2 = 10	8 x 6 = 48
3 x 6 = 18	6 x 5 = 30	7 x 2 = 14

6

200 + 150 = 350	220 + 100 = 320	345 + 291 = 636
608 + 57 = 665	300 + 105 = 405	476 + 243 = 719
150 + 70 = 220	876 + 59 = 935	176 + 24 = 200

7 **a.** Elle a dépensé 9 €.
b. Elle a dépensé 18 €.
c. Il y a 28 jours.

Fiche 15

TECHNIQUE DE LA SOUSTRACTION

OBJECTIFS :

– comprendre la technique de la soustraction à retenues posée en colonnes ;
– être capable de l'appliquer ;
– savoir discerner les soustractions qu'il est nécessaire de poser en colonnes pour en calculer le résultat et celles qu'il est possible de calculer de tête ou posées en ligne ;
– percevoir comment faire la preuve du résultat d'une soustraction en utilisant une addition.

Fiche 15a

1 Les élèves se placent par groupes de deux et ne gardent sur la table que le matériel découpé en fiche 8a, la fiche et un crayon à papier.
L'enseignant inscrit une soustraction sans retenue au tableau (par exemple : 367 – 134), puis demande aux élèves de rechercher le résultat de cette soustraction en utilisant le matériel de la fiche 8a. Il passe dans les rangs afin d'aider les groupes en difficulté.
Il présente la correction au tableau, en reprenant le procédé de la fiche.
Les élèves peuvent lors réaliser l'exercice 1.

2 Le principe de la soustraction à retenue posée en colonnes telle que nous l'effectuons dans notre système de calcul ne fonctionne pas lors des manipulations. En effet, il ne s'agit pas de transformer (ou d'échanger) par exemple une dizaine du nombre de départ en 10 unités, mais d'ajouter une dizaine à chaque terme de la soustraction, sachant que si on ajoute un même nombre aux deux termes d'une soustraction, on n'en change pas le résultat.
Nous vous proposons de demander aux élèves de faire l'exercice suivant, qui sera écrit au tableau, pour mettre en évidence le principe mathématique de la soustraction à retenues posée en colonnes :
Calcule 8 – 5. Ajoute 10 à 8 et à 5 et soustrais les deux nombres obtenus. Ajoute 100 à 8 et à 5 et soustrais les deux nombres obtenus. Que remarques-tu ? Essaye avec d'autres nombres.
En reprenant l'exemple de la fiche (325 – 148), il est important que les élèves perçoivent que :
– ce n'est pas parce que nous sommes face à un problème technique pour soustraire au niveau de la colonne des unités que la soustraction est impossible à calculer (il suffit d'utiliser une calculette et de taper la soustraction pour s'en convaincre) ;
– pour permettre techniquement de soustraire dans la colonne des unités, on va ajouter 10 unités (soit une dizaine) à 325 dans cette colonne ;
– pour compenser cet ajout, on va aussi effectuer le même (une dizaine) à 148, mais cette fois dans la colonne des dizaines car, bien entendu, si on le faisait dans la colonne des unités comme pour 325, on ne ferait pas avancer le calcul ;
– la technique développée ici pour permettre la soustraction dans la colonne des unités est réutilisée en cas de nécessité pour les autres colonnes.
Il est important de bien montrer aux élèves la corrélation entre les retenues de l'écriture chiffrée de la soustraction et les dizaines ou centaines ajoutées.

Fiche 15b

Avant de procéder à un travail individuel sur cette fiche, on s'assurera de la bonne compréhension du *Pour t'aider*.

1 Lors de la correction, on examinera les différentes méthodes employées pour trouver le résultat, et l'enseignant insistera sur le fait qu'il n'est pas toujours nécessaire de poser une opération en colonnes.

CORRIGÉS

Fiche 15a

1

```
  2 6 5
– 1 4 2
-------
  1 2 3
```

2

```
   3 ₁2 ₁5
– ₁1 ₁4  8
----------
   1  7  7
```

Fiche 15b

1

678 – 342 = 336	720 – 300 = 420	345 – 291 = 54
608 – 57 = 551	500 – 150 = 350	765 – 643 = 122
150 – 70 = 80	76 – 29 = 47	176 – 100 = 76

2 En additionnant le nombre soustrait au résultat de la soustraction, on obtient le nombre de départ.

3

$$\begin{array}{r} 326 \\ -\ 185 \\ \hline 141 \end{array} \qquad \begin{array}{r} 185 \\ +\ 141 \\ \hline 326 \end{array}$$

4

$$\begin{array}{r} 25 \\ +\ 88 \\ \hline 113 \end{array} \qquad \begin{array}{r} 431 \\ -\ 146 \\ \hline 285 \end{array} \qquad \begin{array}{r} 138 \\ +\ 147 \\ \hline 285 \end{array} \qquad \begin{array}{r} 122 \\ +\ 78 \\ \hline 200 \end{array}$$

Fiche 16

Les nombres jusqu'à 9 999 (1)

Objectifs :

– appréhender la numération cardinale des nombres jusqu'à 9 999 ;
– comprendre ce que représente chaque chiffre dans un nombre de 4 chiffres ;
– connaître l'écriture littérale et chiffrée des nombres de 0 à 9 999.

Avant de commencer cette fiche, l'enseignant demandera aux élèves, placés par groupes de deux, de représenter le nombre 1 000 avec le matériel de la fiche 8a. Ils pourront l'appréhender ainsi : 1 000 = 999 + 1 ; puis ainsi : 1 000 = 10 x 100 (soit 10 plaques de 100).

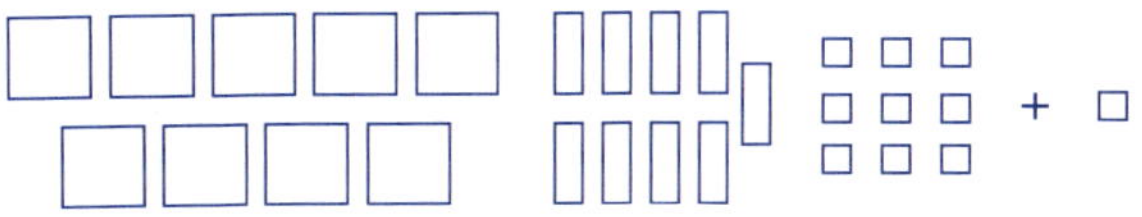

Fiche 16a

Les élèves restent par groupes de deux à quatre. L'enseignant donne à chaque groupe une fiche qu'il a préalablement photocopiée, si possible, sur du papier épais. Il distribue également une règle du jeu par élève (page 23).
Après lecture de la règle n°1 par tous les élèves et discussion à propos de cette règle, l'enseignant passe dans chaque groupe pour s'assurer qu'elle a bien été comprise. Une fois le jeu commencé, il passe dans les groupes pour observer le bon déroulement des parties.
Nous conseillons de consacrer une séance spécifique de jeu pour chaque règle.
Cette cible est à garder dans la classe afin que les élèves jouent de nouveau.

Fiche 16b

Avant de commencer les exercices de cette fiche, on s'assurera de la bonne compréhension du *Pour t'aider*.

1 et **2** Le fonctionnement des abaques a déjà été vu pour les nombres à 2 chiffres (fiche 1) et à 3 chiffres (fiche 8) ; il devrait donc être connu des élèves.
En prolongement de cet exercice, on pourra faire écrire des nombres sous la forme : 5 980 = 5m + 9c + 8d.

3 Avant de faire faire l'exercice, l'enseignant demandera aux élèves de bien observer le premier boulier afin de déduire avec eux son fonctionnement.

Corrigés

Fiche 16b

1 Successivement, les abaques représentent les nombres suivants :
2 468 (deux mille quatre cent soixante-huit) – 4 700 (quatre mille sept cents) – 5 045 (cinq mille quarante-cinq).

2 Successivement, les abaques doivent représenter les nombres suivants :
569 (cinq cent soixante-neuf) – 1 007 (mille sept) – 6 217 (six mille deux cent dix-sept)

3 Successivement, les trois bouliers représentent les nombres 8 145, 6 880 et 2 067.

Fiche 17

Les nombres jusqu'à 9 999 (2)

Objectifs :

– savoir comparer des nombres jusqu'à 9 999 ;
– être capable de ranger des nombres jusqu'à 9 999 en ordre croissant ou décroissant ;
– encadrer un nombre dans l'ordre des mille ;
– intercaler un nombre ;
– trouver le successeur d'un nombre.

Fiche 17a

Comme pour les autres jeux, si possible, cette fiche sera photocopiée sur du papier cartonné. L'enseignant distribuera une fiche par groupes de trois joueurs, et une règle du jeu par élève (page 23). Les élèves devront découper les grilles et les jetons. Les grilles et les jetons vides ont vocation à être remplis pour compléter le jeu par la suite.
L'enseignant s'assurera de la bonne compréhension de la règle, puis, une fois les jeux lancés, il passera dans les groupes et arbitrera les éventuels conflits.
Au-delà du jeu, la construction, par groupes de trois élèves, de nouvelles grilles et de jetons et les discussions qu'elle entraîne au niveau de la connaissance des nombres et de la méthodologie constituent une situation intéressante.
Les grilles et tous les jetons seront conservés dans la ludothèque de la classe.

Fiche 17b

Pour l'exercice **1**, il est certainement nécessaire de préciser aux élèves que ce sont les noms des fleuves qu'ils doivent ranger par ordre croissant.
Pour l'exercice **2**, on pourra se référer à la frise historique de la classe ; si elle n'est pas faite, ce sera l'occasion de réfléchir à sa construction.
En prolongement de l'exercice **3**, on pourra encadrer des nombres de 4 chiffres à l'unité, à la dizaine ou à la centaine.
Le jeu de l'exercice **5** ou celui qui consiste à soustraire « 1 » pourra être repris avec le procédé « Lamartinière ».

Corrigés

Fiche 17b

1 Murray < Danube < Gange < Missisipi < Amazone < Nil.

2

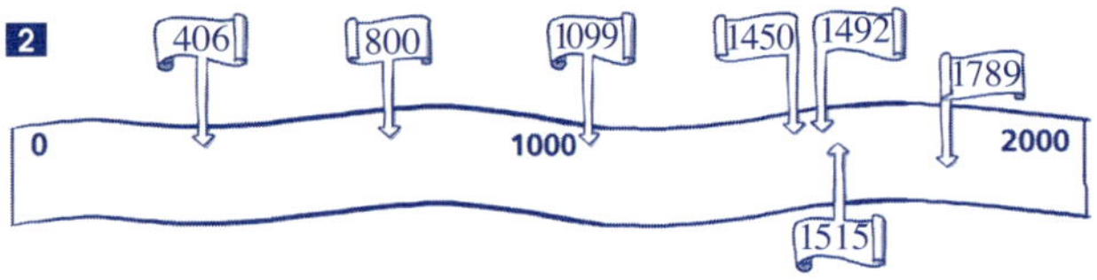

3 7 000 < 7 010 < 8 000 | 6 000 < 6 000 + 500 < 7 000
3 000 < 3 999 < 4 000 | 6 000 < 6 000 + 99 < 7 000

4 Beaucoup de réponses sont possibles.

5 69 + 1 = 70	809 + 1 = 810	1 999 + 1 = 2 000
5 079 + 1 = 5 080	8 899 + 1 = 8 900	7 009 + 1 = 7 010
6 199 + 1 = 6 200	59 + 1 = 60	599 + 1 = 600

Fiche 18

SITUATIONS DE DIVISION

OBJECTIFS :

– comprendre la situation proposée ;
– manipuler, dessiner ou utiliser un dessin pour résoudre une situation de partage ;
– comprendre que lors d'une situation de partage équitable, il peut rester des éléments non partagés ;
– savoir écrire l'opération « division » en ligne.

Fiche 18a

Les élèves réalisent cette fiche par groupes de quatre. Chaque élève découpe les 8 timbres de sa fiche de façon à constituer un ensemble de 32 timbres par groupe.

Lors de la première situation, l'enseignant passe dans chaque groupe pour vérifier si les 32 timbres ont été distribués de façon équitable.

Si le partage des timbres s'effectue dans un travail de groupe, dessiner la situation et compléter les phrases et l'opération doit se faire de façon individuelle. Ainsi, l'enseignant pourra s'assurer que chacun a bien compris l'exercice. Il vérifiera particulièrement l'écriture de la division (on trouve assez souvent des inversions d'écriture entre diviseur et résultat).

La seconde situation sera réalisée de la même manière.

Pour l'exercice **3**, les élèves ne doivent pas se contenter de répondre par oui ou non, mais ils doivent montrer comment ils auraient procédé.

Fiche 18b

Pour cette fiche, nous préconisons un travail individuel.

1 Dans le cadre du premier exercice, l'enseignant s'assure que les élèves ont bien compris qu'il s'agit de partager en 3 parts égales. Nous conseillons une correction collective immédiate, où seront exposées les différentes méthodes employées pour parvenir au résultat, avant de passer aux autres exercices.

2 On pourra inviter les élèves en difficulté à réfléchir au nombre de jours de la semaine. Cet exercice doit permettre aux élèves de s'apercevoir que les données d'un problème ne se présentent pas toujours sous la forme de nombres.

3 Si les élèves ont des difficultés pour comprendre les situations, ils peuvent les dessiner.

CORRIGÉS

Fiche 18a

2 – Nous avons partagé **32** timbres entre **4** élèves. Chacun a eu **8** timbres et il en reste **0**.
32 : 4 = 8 (reste : 0)

– Nous avons partagé **32** timbres entre **3** élèves. Chacun a eu **10** timbres et il en reste **2**.
32 : 3 = 10 (reste : 2)

Fiche 18b

1 Chacun aura 10 fraises et il n'en restera pas.
30 : 3 = 10 (reste : 0)

2 Chaque jour, il a avalé 3 comprimés.
21 :7 = 3 (reste : 0)

3 **a.** Chacune a reçu 8 dragées (24 : 3 = 8).
b. Chacun aura 6 billes (24 : 4 = 6).

Fiche 19

UTILISER LA CALCULETTE

OBJECTIFS :

– comprendre le rôle des touches d'une calculette ;
– savoir utiliser une calculette pour trouver le résultat d'une addition, d'une soustraction, d'une multiplication ou d'une division ;
– apprendre à rédiger des consignes.

Fiches 19a et 19b

Ces fiches se travaillent individuellement. L'enseignant peut aider les élèves qui en ont besoin à manipuler la calculette.

Au fur et à mesure des opérations abordées, les exercices sont corrigés collectivement et les résultats écrits au tableau.

Les élèves peuvent calculer les additions et les soustractions (fiche 19b) en colonnes avant de vérifier le résultat avec la calculette.

À la fin de la séance, on distribuera des fiches vierges aux élèves qui auraient fait trop d'erreurs pour qu'ils reportent les consignes du tableau et puissent ainsi conserver une fiche valable des procédures d'utilisation de la calculette.

Lors de cette séance, l'enseignant peut évoquer quelques particularités :

• Il existe des nombres qui commencent par le signe – que les élèves étudieront au collège (mais dont ils ont déjà probablement entendu parler ; ex. : « la température est de – 5 °C »).

• Avec une calculette ordinaire, on ne peut pas faire apparaître le reste de la division. On pourra à cette occasion s'apercevoir qu'il existe d'autres nombres que ceux que l'on connaît et qui comportent une virgule. Ces nombres seront étudiés au CM.

• Si on teste la division par 0, on s'aperçoit qu'elle est impossible (on ne peut pas partager entre personne).

Fiches 19a et 19b

3 **a.** 6 598 + 45 = 6 643
267 + 3 547 = 3 814
3 050 + 2 607 = 5 657

b. 6 598 – 45 = 6 553
3 547 – 267 = 3 280
3 050 – 2 607 = 443

Si on soustrait 2 346 de 1 678, on obtient un nombre négatif.

c. 598 x 9 = 5 382
267 x 13 = 3 471
305 x 26 = 7 930

d. 369 : 9 = 41
267 : 3 = 89
1 512 : 24 = 63

Si on divise 20 par 3 avec une calculette, on obtient un chiffre à virgule et on ne connaît pas le reste de la division.

Fiche 20

TECHNIQUE DE LA MULTIPLICATION (1)

OBJECTIFS :

– calculer une multiplication à un chiffre au multiplicateur en utilisant la décomposition du multiplicande ;
– utiliser la technique de la multiplication en colonnes pour celles ayant un chiffre au multiplicateur ;
– distinguer les multiplications qu'il est utile de poser en colonnes de celles que l'on peut calculer de tête.

Fiche 20a

Les quatre premiers exercices de cette fiche sont à réaliser par groupes de deux élèves.

1 L'enseignant peut donner quelques éléments de réflexion pour débloquer la situation de groupes en difficulté. Il aide également les élèves qui ont des difficultés à rédiger la façon dont ils ont procédé pour trouver le résultat de l'opération 245 x 3.

2 et **3** Pour compléter l'exercice 2, l'élève peut utiliser le matériel de l'exercice 1 en multipliant successivement les centaines, puis les dizaines, et enfin les unités.
En revanche, lors du calcul de l'opération posée en colonnes, l'élève commence d'abord par les unités, puis les dizaines, et enfin les centaines.
De nouveau, l'enseignant passe dans les groupes et aide ceux en difficulté.

4 En cas de besoin, les élèves sont autorisés à se reporter à la fiche des procédures (fiche 19) d'utilisation de la calculette.
Il est recommandé de faire une correction collective des quatre premiers exercices avant de passer au n° 5.

Fiche 20b

Après une analyse collective du *Pour t'aider*, nous conseillons un travail individuel afin de repérer les savoir-faire de chacun.
Lors de la correction, on pourra vérifier les multiplications avec une calculette.

Fiche 20a

2 245 = 200 + 40 + 5
245 x 3 = (200 x 3) + (40 x 3) + (5 x 3)
245 x 3 = 600 + 120 + 15
245 x 3 = 735

3
```
   1 1
   2 4 5
x      3
--------
   7 3 5
```

5 123 x 5 = (100 x 5) + (20 x 5) + (3 x 5)
123 x 5 = 500 + 100 + 15
123 x 5 = 615
```
   1 1
   1 2 3
x      5
--------
   6 1 5
```

Fiche 20b

1 200 x 3 = 600 | 335 x 6 = 2 010 | 167 x 8 = 1 336
668 x 5 = 3 340 | 1 000 x 7 = 7 000 | 765 x 4 = 3 060

2 456 + 456 + 456 + 456 + 456 = 456 x 5 = 2 280
32 + 32 + 32 + 32 + 32 + 32 + 32 + 32 = 32 x 8 = 256
75 + 75 + 75 +75 = 75 x 4 = 300
2 343 + 2 343 = 2 343 x 2 = 4 686

3
```
     1          1 1           1
     4 5 2      3 5 8     5 0 3
x        3   x      2   x     6
----------   ---------  -------
   1 3 5 6      7 1 6   3 0 1 8
```

Fiche 21 - Évaluation (3)

Les remarques préalables que nous indiquions pour les autres fiches d'évaluation (fiches 7 et 14) sont toujours valables ici.
Le tableau ci-dessous permet de remplir le bilan d'évaluation individuel des élèves page 25 et de retrouver la fiche étudiée précédemment pour prévoir des actions de remédiation.

Tableau de correspondance de la fiche évaluation p. 25

Compétence	Exercices de l'évaluation	Fiches
Numération		
Écrire un nombre en chiffres	2 et 3	16
Écrire un nombre en lettres	3	16
Représenter un nombre de 4 chiffres	3	16
Ranger des nombres de 4 chiffres	4	17
Opérations		
Calculer une soustraction en colonnes	1	15
Savoir discerner si une soustraction doit ou non être posée en colonnes	1	15
Dessiner pour résoudre une situation de division	5	18
Savoir poser une division en ligne	5	18
Savoir utiliser une calculatrice	6	19
Savoir poser une multiplication en colonnes	7	20
Connaître la technique de la multiplication en colonnes	7	20

CORRIGÉS

1 307 – 271 = 36 | 1 235 – 676 = 559 | 350 – 200 = 150
572 – 81 = 491 | 750 – 500 = 250 | 658 – 347 = 311

2 Les cibles représentent successivement les nombres 2 111, 3 020, 1 301 et 3 110.

3 Les abaques doivent successivement représenter les nombres suivants :
3 572 (trois mille cinq cent soixante-douze) – 6 800 (six mille huit cents) – 4 057 (quatre mille cinquante-sept).

4 Aconcagua > Mont Mac Kinley > Kilimandjaro > Elbrouz > Massif Winson > Pyramide Carstensz > Mont Blanc > Mont Kosciuszk.

5 Chacun reçoit 6 madeleines et il en reste 2.
20 : 3 = 6 (reste 2)

6 4 573 + 546 = 5 119 | 6 172 – 987 = 5 185
342 x 26 = 8 892 | 174 : 6 = 29

7 67 x 5 = 335 210 x 7 = 1 470 876 x 4 = 3 504

Fiche 22

TABLES DE MULTIPLICATION PAR 2 ET PAR 5

OBJECTIFS :

– exercer sa mémoire ;
– apprendre les tables de multiplication par 2 et 5 ;
– retrouver les multiples de 2 et de 5 ;
– repérer le rôle du 0 et du 1 dans la multiplication.

Fiche 22a

Le jeu de Mémory est à conserver dans la ludothèque de la classe pour permettre aux élèves d'y rejouer et d'améliorer leur connaissance de chaque table.
Tout d'abord, l'enseignant forme des groupes de deux à quatre élèves et donne une photocopie de la fiche à chaque groupe et une photocopie de la règle du jeu (page 24) par élève.
Ensuite, les élèves doivent compléter les cartes du jeu de Mémory avec le nombre 2 pour les cartes « multiplication » et avec les résultats pour les cartes vides (ils peuvent s'aider de la fiche 9b).
Une fois que les élèves ont bien compris la règle du jeu, ils commencent par jouer avec 8 cartes : 2 x 2, 2 x 3, 2 x 4, 2 x 5, puis l'enseignant augmente progressivement le nombre de cartes du Mémory jusqu'à parvenir à un jeu avec les 16 cartes.
Enfin, après avoir réalisé les exercices de la fiche 22b concernant la table de 2, les élèves complèteront le jeu de Mémory pour la table des 5.

Fiche 22b

Nous conseillons de réaliser cette fiche sur deux séances, une pour chaque table étudiée.

1 et **3** Au-delà de l'écriture des 2 éléments de la table qu'on ne trouve pas dans le Mémory, il s'agit ici de généraliser le rôle du 0 et celui du 1 dans la multiplication. On reprendra donc les écritures pour montrer que lorsqu'on multiplie un nombre par zéro, on obtient zéro, et lorsqu'on multiplie un nombre par 1, on obtient ce même nombre.

2 et **4** L'enseignant laissera un temps limité aux élèves pour effectuer ces exercices : par exemple, 10 minutes.

5 Cet exercice présente un niveau de difficulté plus élevé. Savoir retrouver les multiples d'un nombre est important dans la perspective du calcul d'une division. *Attention :* La boule n° 30 sera coloriée en bleu (multiple de 5) car les élèves ne connaissent pas la table de 2 au-delà du nombre 20. Toutefois, si elle est coloriée en jaune, on acceptera la réponse.

6 Les caractéristiques des multiples sont abordées ici pour favoriser le travail d'observation des élèves. La connaissance de ces caractéristiques ne sera exigible que plus tard dans la scolarité.

CORRIGÉS

1 2 x 0 = 0 ; 2 x 1 = 2

2

2 x 2 = 4	2 x 3 = 6	2 x 9 = 18	2 x 1 = 2
2 x 5 = 10	2 x 2 = 4	2 x 3 = 6	2 x 10 = 20
2 x 6 = 12	2 x 5 = 10	2 x 4 = 8	2 x 6 = 12
2 x 7 = 14	2 x 9 = 18	2 x 8 = 16	2 x 8 = 16
2 x 4 = 8	2 x 1 = 2	2 x 10 = 20	2 x 7 = 14

3 5 x 0 = 0 ; 5 x 1 = 5

4

5 x 3 = 15	5 x 2 = 10	5 x 2 =10	5 x 8 = 40
5 x 6 = 30	5 x 5 = 25	5 x 9 = 45	5 x 7 = 35
5 x 9 = 45	5 x 5 = 25	5 x 1 = 5	5 x 3 = 15
5 x 8 = 40	5 x 10 = 50	5 x 6 = 30	5 x 10 = 50
5 x 4 = 20	5 x 7 = 35	5 x 4 = 20	5 x 1 = 5

5 De haut en bas, sont coloriées en vert les boules : 6, 12, 14, 18, 16, 2, 4 ; en bleu les boules : 30, 45, 35, 5, 15, 25 ; en jaune les boules : 10, 20 (et éventuellement 30) ; en rouge les boules : 9, 7, 37, 23, 13, 43, 33.

6 Les multiples de 2 sont des nombres pairs.
Les multiples de 5 se terminent par 0 ou 5.

Fiche 23

TABLES DE MULTIPLICATION PAR 3 ET PAR 4

OBJECTIFS :

– exercer sa mémoire ;
– apprendre les tables de multiplication par 3 et 4 ;
– retrouver les multiples de 3 et de 4 ;
– repérer le rôle du 0 et du 1 dans la multiplication.

Avant de commencer les fiches 23a et 23b, les élèves reprendront leur jeu de Mémory pour les tables de 3 et 4, et procéderont comme ils l'ont fait avec les tables de 2 et 5.

Fiches 23a et 23b

Là encore, nous conseillons de réaliser ces fiches sur deux séances, une pour chaque table.

1 et **5** De nouveau, l'objectif est de généraliser le rôle du 0 et celui du 1 dans la multiplication. On fera remarquer que ce qui est étudié ici s'appliquait déjà pour les tables de 2 et 5 : quand on multiplie un nombre par 0, on obtient 0 et quand on le multiplie par 1, on obtient ce même nombre.

2, **6** et **9** Ces exercices-jeux nécessitent de se remémorer la table de multiplication concernée. La démarche utilisée sera utile lors du calcul des divisions.

3 et **7** Là encore, les élèves devront réaliser ces exercices dans un temps limité.

4 et **8** Il s'agit d'appliquer directement la connaissance d'une table dans le calcul d'une multiplication. En cas de difficulté sur la technique, on pourra reprendre la fiche 20.

CORRIGÉS

1 3 x 0 = 0 ; 3 x 1 = 3

2 Dans la première grille, il faut colorier en jaune les nombres 6, 9 et 18 ; dans la seconde, les nombres 12, 24, 27, 21 ; enfin, dans la troisième, les nombres 30, 15 et 3.

3

3 x 2 = 6	3 x 3 = 9	3 x 9 = 27	3 x 1 = 3.
3 x 5 = 15	3 x 2 = 6	3 x 3 = 9	3 x 10 = 30
3 x 6 =18	3 x 5 =15	3 x 4 = 12	3 x 6 = 18
3 x 7 = 21	3 x 9 = 27	3 x 8 = 24	3 x 8 = 24
3 x 4 = 12	3 x 1 = 3	3 x 10 = 30	3 x 7 = 21

4 157 x 3 = 471 261 x 3 = 783 1 378 x 3 = 4 134

5 4 x 0 = 0 ; 4 x 1 = 4

6 De gauche à droite, les boules en bleu contiennent les numéros 40, 24, 28, 16, 8, 12, 32, 36, 4, 20.

7

4 x 2 = 8	4 x 3 = 12	4 x 9 = 36	4 x 1 = 4
4 x 5 = 20	4 x 2 = 8	4 x 3 = 12	4 x 10 = 40
4 x 6 = 24	4 x 5 =20	4 x 4 = 16	4 x 6 = 24
4 x 7 = 28	4 x 9 = 36	4 x 8 = 32	4 x 8 = 32
4 x 4 = 16	4 x 1 = 4	4 x 10 = 40	4 x 7 = 28

8 265 x 4 = 1 060 407 x 4 = 1 628 2 138 x 4 = 8 552

9 Les multiples de 3 et de 4 sont : 12, 24 (en vert foncé) ; ceux de 3 : 3, 6, 9, 15, 18, 21, 27, 30 (en bleu) ; ceux de 4 : 16, 4, 20, 8, 28, 32, 40 (en orange).

Fiche 24

LES NOMBRES JUSQU'À 9 999 (3)

OBJECTIFS :

– comprendre ce que représente chaque chiffre dans un nombre de 4 chiffres ;

– savoir décomposer un nombre en milliers, centaines, dizaines et unités ;

– savoir ranger des nombres de 4 chiffres.

Fiche 24a

Les élèves réaliseront cette fiche par groupes de deux ou trois. L'enseignant distribuera une fiche par élève, s'assurera de la bonne compréhension des consignes et indiquera aux élèves l'endroit où seront fixés les avions. Selon le support choisi, on pensera à mettre à disposition le mode de fixation (patafix, ruban adhésif, etc.). En cas de besoin, le maître aidera les élèves à fixer leurs avions, mais il est important que ce soit les élèves qui indiquent où ils doivent placer ces avions.

Lors de la correction collective, on vérifiera, pour chaque avion, si l'écriture des nombres est correcte sous les trois formes. On contrôlera aussi les positions relatives des avions, qui doivent être rangés en ordre croissant du bas vers le haut.

Fiche 24b

Les deux premiers exercices sont à réaliser individuellement, alors que le troisième pourra être effectué par groupes de deux élèves.

Dans ces exercices, nous ajoutons un facteur de complexité en plaçant le 0 dans les nombres. La bonne compréhension du sens de chaque chiffre dans le nombre est alors impérative.

Avant de commencer l'exercice **3**, l'enseignant s'assurera de la connaissance du principe des mots ou des nombres croisés. Lors de la correction, on réfléchira aux différentes stratégies employées pour remplir la grille.

CORRIGÉS

1 6 067 = 6 000 + 60 + 7
8 808 = 8 000 + 800 + 8
5 500 = 5 000 + 500
9 009 = 9 000 + 9

2 D'une même couleur :
- 7 700 = 7 000 + 700 = (7 x 1 000) + (7 x 100)
- 7 070 = 7 000 + 70 = (7 x 1 000) + (7 x 10)
- 7 007 = 7 000 + 7 = (7 x 1 000) + 7
- 770 = 700 + 70 = (7 x 100) + (7 x 10)

3

	A	B	C	D	E
1	1	4	0	7	■
2	2	0	■	6	1
3	■	9	3	5	0
4	■	■	1	7	0
5	1	0	0	■	0

Fiche 25

TECHNIQUE DE LA MULTIPLICATION (2)

OBJECTIFS :

– apprendre à calculer une multiplication à deux chiffres au multiplicateur par étapes ;

– savoir multiplier un nombre par 10 ;

– apprendre à utiliser la technique de la multiplication directe en colonnes pour un multiplicateur à plusieurs chiffres.

Fiche 25a

Cette fiche est à réaliser par groupes de deux élèves pour favoriser les échanges.

1 et **2** Ces deux exercices ont pour objectif de faire prendre conscience aux élèves que pour multiplier un nombre par 10, il suffit de placer un 0 à la fin de ce même nombre. Cette particularité de la multiplication par 10 est réutilisée dans la technique de la multiplication en colonnes d'un nombre par un nombre de deux chiffres.

3 Cet exercice met en évidence que pour multiplier par un nombre de dizaines, il suffit de multiplier par ce nombre et de placer un 0 à la fin du résultat. Cette particularité est utilisée dans la technique de la multiplication directe et il est utile de l'étudier pour en favoriser la compréhension et éviter qu'elle ne s'applique sans compréhension du mécanisme.

4 Si on aborde dans cette fiche ces deux techniques qui reposent sur le même principe – la multiplication directe étant une application « concentrée » de la multiplication par étapes –, c'est afin que l'enseignant montre l'économie réalisée par la multiplication directe, qu'il favorisera par la suite.

Fiche 25b

Cette fiche est à réaliser individuellement pour s'assurer de la bonne compréhension et de la capacité d'application de chaque technique de la multiplication.

On vérifiera que les enfants ont bien compris le *Pour t'aider* avant de passer aux deux exercices.

Les multiplications proposées prennent en compte les tables étudiées à ce niveau de l'ouvrage.

CORRIGÉS

Fiche 25a

1 8 x 10 = 80 | 5 x 10 = 50 | 3 x 10 = 30

4 x 10 = 40 | 6 x 10 = 60 | 7 x 10 = 70

Pour multiplier un nombre par 10, il suffit de placer un 0 à la fin ce nombre.

2 12 x 10 = 120 | 25 x 10 = 250 | 246 x 10 = 2 460

537 x 10 = 5 370 | 78 x 10 = 780 | 971 x 10 = 9 710

Pour multiplier un nombre par 10, il suffit de placer un 0 à la fin ce nombre.

3 43 x 20 = 43 x 2 x 10 = 860

64 x 30 = 64 x 3 x 10 = 1 920

123 x 30 = 123 x 3 x 10 = 3 690

421 x 20 = 421 x 2 x 10 = 8 420

4

```
                  343          343   |     343
   343          x  25        x   5   |   x  25
 x  20          -----        -----   |   -----
 -----          1 715 <----  1 715   |   1 715
 6 860 ---->  + 6 860                | + 6 860
                -----                |   -----
                8 575                |   8 575
```

Fiche 25b

1

```
                  185          185
   185          x  23        x   3
 x  20          -----        -----
 -----            555 <----    555
 3 700 ---->  + 3 700
                -----
                4 255
```

```
                  276          276
   276          x  35        x   5
 x  30          -----        -----
 -----          1 380 <----  1 380
 8 280 ---->  + 8 280
                -----
                9 660
```

2 92 x 15 = 1 380   139 x 22 = 3 058   205 x 43 = 8 815

Fiche 26

TABLES DE MULTIPLICATION PAR 6 ET PAR 7

OBJECTIFS :

– exercer sa mémoire ;

– apprendre les tables de multiplication par 6 et par 7 ;

– retrouver les multiples de 6 et de 7 ;

– repérer le rôle du 0 et du 1 dans la multiplication.

Avant de commencer les fiches 26a et 26b, les élèves reprendront leur jeu de Mémory pour les tables de 6 et 7, et procéderont comme ils l'ont fait avec les tables précédentes.

Fiches 26a et 26b

Là encore, nous conseillons de réaliser ces fiches en deux séances : une pour chaque table.

1 et **5** L'objectif est toujours de généraliser le rôle du 0 et du 1 dans la multiplication. On fera remarquer que ce qui est étudié ici s'appliquait déjà pour les tables précédentes : quand on multiplie un nombre par 0, on obtient 0, et quand on le multiplie par 1, on obtient ce même nombre.

2, **6** et **9** Ces exercices-jeux nécessitent de se remémorer la table de multiplication concernée. La démarche utilisée sera utile lors du calcul des divisions.

3 et **7** Là encore, les élèves devront réaliser ces exercices dans un temps limité.

4 et **8** Il s'agit d'appliquer directement la connaissance d'une table dans le calcul d'une multiplication. En cas de difficulté sur la technique, on pourra reprendre les fiches 20 et 25.

CORRIGÉS

Fiches 26a et 26b

1 6 x 0 = 0 ; 6 x 1 = 6

2 De gauche à droite, sont coloriés en bleu les escargots portant les numéros : 42, 18, 54, 48, 36, 6, 60, 24, 12 et 30.

3

6 x 2 = 12	6 x 3 = 18	6 x 7 = 42	6 x 1 = 6
6 x 6 = 36	6 x 4 = 24	6 x 3 = 18	6 x 10 = 60
6 x 5 = 30	6 x 6 = 36	6 x 4 = 24	6 x 5 = 30
6 x 7 = 42	6 x 8 = 48	6 x 9 = 54	6 x 10 = 60
6 x 2 = 12	6 x 9 = 54	6 x 1 = 6	6 x 8 = 48

4 271 x 6 = 1 626 ; 534 x 6 = 3 204 ; 986 x 6 = 5 916

5 7 x 0 = 0 ; 7 x 1 = 7

6 De gauche à droite, les étoiles colorées portent les numéros : 35, 49, 7, 14, 63, 56, 70, 21, 28, 42.

7 7 x 2 = 14	7 x 3 = 21	7 x 3 = 21	7 x 1 = 7
7 x 7 = 49	7 x 2 = 14	7 x 10 = 70	7 x 10 = 70
7 x 6 = 42	7 x 5 = 35	7 x 4 = 28	7 x 5 = 35
7 x 7 = 49	7 x 9 = 63	7 x 8 = 56	7 x 9 = 63
7 x 8 = 56	7 x 4 = 28	7 x 6 = 42	7 x 1 = 7

8 35 x 76 = 2 660 ; 23 x 67 = 1 541 ; 18 x 76 = 1 368 ; 69 x 67 = 4 623

9 Le multiple de 6 et de 7 est 42 (en rouge) ; de gauche à droite, les multiples de 6 sont : 6, 18, 24, 30, 60, 54, 48, 12, 36 (en bleu foncé), et ceux de 7 : 7, 70, 14, 56, 28, 21, 63, 35, 49 (en jaune).

Fiche 27

LES NOMBRES JUSQU'À 9 999 (4)

OBJECTIFS :

– savoir comparer des nombres jusqu'à 9 999 ;
– être capable de ranger des nombres jusqu'à 9 999 ;
– encadrer un nombre ;
– intercaler un nombre ;
– repérer l'occurrence dans une suite et compléter cette suite.

Fiche 27a

Cette fiche est à réaliser individuellement.
1 et **2** Nous proposons d'effectuer une correction collective, une fois que les élèves ont répondu à la question qui accompagne le dessin, pour savoir ce qui a pu être repéré.
4 L'enseignant précisera que chacun des chiffres qui composent les nombres doivent avoir une valeur réelle : ainsi des réponses comme 0579 ou 0000 ne pourront pas être acceptées.

Fiche 27b

Cette fiche est à réaliser par groupes de deux élèves.
Dans un premier temps, les enfants découvrent le jeu, essaient de comprendre comment il fonctionne, et colorient ce qui est écrit sur l'exemple par chacun des joueurs comme demandé dans la consigne.
On pourra demander aux élèves de rédiger la règle du jeu, fortement inspirée du « Master-Mind » et qui pourrait s'écrire comme suit.
Nombre de joueurs : 2.
Un élève choisit un nombre, l'autre doit le deviner.
Celui qui choisit le nombre l'écrit sur un bout de papier en veillant à ce que l'autre joueur ne le voie pas. Ensuite, il inscrit un encadrement du nombre selon ce qui a été décidé préalablement par l'enseignant ou les joueurs (encadrement à la centaine ou dans l'ordre des mille).
Celui qui doit deviner écrit un nombre, et celui qui a choisi le nombre inscrit « plus grand » à droite si la proposition est plus grande, « plus petit » à gauche si elle est plus petite. Celui qui doit découvrir fait une nouvelle proposition en tenant compte des indications, et ainsi de suite jusqu'à ce que le nombre soit trouvé.
On indique ensuite en combien de coups le nombre a été trouvé.
Au-delà de la compréhension du jeu, on pourra analyser la partie de l'exemple et réfléchir sur la stratégie employée pour trouver le nombre le plus rapidement possible.
Ce jeu de Master-nombres, intéressant au niveau de l'appropriation de la numération ordinale, sera conservé dans la ludothèque de la classe. Nous conseillons donc de photocopier des grilles vierges pour que les élèves puissent y jouer régulièrement.

CORRIGÉS

Fiche 27a

2 Les nombres se terminent par 61 et augmentent de 300 en 300.

3 2 568 – 3 568 – 4 568 – 5 568 – 6 568 – 7 568 – 8 568
5 189 – 5 389 – 5 589 – 5 789 – 5 989 – 6 189 – 6 389
2 775 – 2 825 – 2 875 – 2 925 – 2 975 – 3 025 – 3 075
7 940 – 7 952 – 7 964 – 7 976 – 7 988 – 8 000 – 8 012

4 **a.** Le plus grand nombre est 9 750, le plus petit est 5 079.
b. Le plus grand nombre de 4 chiffres est 9 999, le plus petit est 1 000.

Fiche 28 - Évaluation (4)

Les remarques préalables que nous indiquions pour les 3 fiches d'évaluation précédentes (fiches 7, 14 et 21) sont toujours valables ici.

Le tableau permet de remplir le bilan d'évaluation individuel des élèves page 26 et de retrouver la fiche étudiée précédemment pour prévoir des actions de remédiation.

Tableau de correspondance de la fiche évaluation p. 26

Compétence	Exercices de l'évaluation	Fiches
Numération jusqu'à 9 999		
Écrire un nombre en chiffres	8	24 et 27
Décomposer des nombres de 4 chiffres	6	24
Ranger des nombres de 4 chiffres	8	27
Connaître les multiples de 2	1	22
Connaître les multiples de 5	2	22
Opérations		
Calculer une multiplication avec un chiffre au multiplicateur (2 ou 5)	3	20 et 22
Connaître la table de multiplication par 3	4	23
Connaître la table de multiplication par 4	5	23
Connaître la table de multiplication par 6	7	26
Connaître la table de multiplication par 7	7	26
Calculer une multiplication avec 2 chiffres au multiplicateur	9	25

CORRIGÉS

1 Sont coloriés en jaune les éléments n° 24, 6, 12, 16, 4, 10, 22, 18, 14, 20, 2, 8.

2 Sont coloriés en vert les éléments n° 25, 5, 20, 30, 10, 15, 45, 40, 50, 35.

3 238 x 2 = 476   164 x 5 = 820
697 x 2 = 1 394   1 098 x 5 = 5 490

4

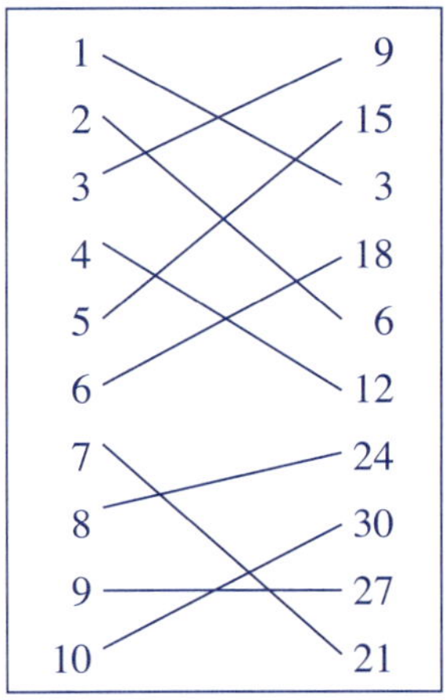

5

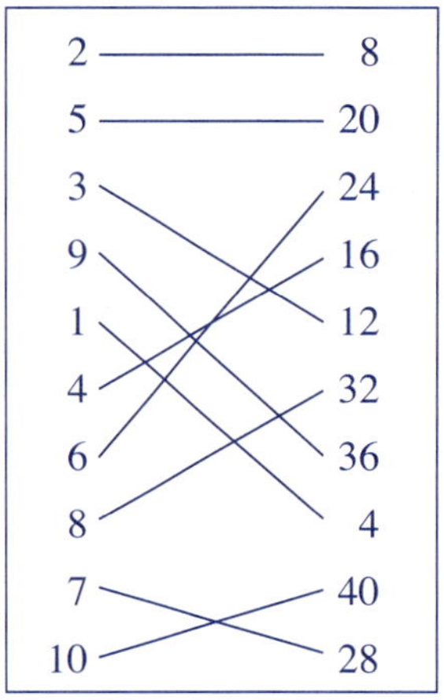

6 4 675 = 4 000 + 600 + 70 + 5 = (4 x 1 000) + (6 x 100) + (7 x 10) + 5
5 606 = 5 000 + 600 + 6 = (5 x 1 000) + (6 x 100) + 6
7 078 = 7 000 + 70 + 8 = (7 x 1 000) + (7 x 10) + 8
7 007 = 7 000 + 7 = (7 x 1 000) + 7

7 Sont en bleu, de gauche à droite, les numéros : 24, 48, 6, 54, 60, 36, 12, 18, 30 ; en jaune : 21, 49, 63, 7, 70, 35, 56, 14, 28.
Il manque le nombre 42.

8 1 358 – 1 385 – 1 538 – 1 583 – 1 835 – 1 853 – 3 158 – 3 185 – 3 518 – 3 581 – 3 815 – 3 851 – 5 138 – 5 183 – 5 318 – 5 381 – 5 813 – 5 831 – 8 135 – 8 153 – 8 315 – 8 351 – 8 513 – 8 531.

9 67 x 25 = 1 675 35 x 63 = 2 205 138 x 47 = 6 486

Fiche 29

Écritures fractionnaires (1)

Objectifs :

– appréhender les écritures fractionnaires simples ;
– retrouver les représentations des fractions ;
– représenter des fractions ;
– percevoir que $\frac{1}{2} + \frac{1}{2} = 1$ et que $\frac{1}{4} + \frac{1}{4} + \frac{1}{4} + \frac{1}{4} = 1$.

Fiche 29a

Nous conseillons de faire travailler les élèves par deux.

1, **2** et **3** Les élèves abordent les fractions en se référant aux fractions d'heure qu'ils ont déjà eu l'occasion d'utiliser : la demi-heure et le quart d'heure.
Le but de ces exercices est que les enfants perçoivent la représentation spatiale de $\frac{1}{2}$ et de $\frac{1}{4}$.

4 Souvent, les enfants trouvent facilement les pliages par les côtés qui partagent le carré en 2 ou en 4 ; en revanche, ils trouvent moins facilement les pliages selon les diagonales. On montrera les produits « finis » de ceux qui auront trouvé et on demandera de rechercher la méthode de pliage.

Fiche 29b

1 La difficulté dans cet exercice est de saisir que pour représenter $\frac{1}{2}$, il est nécessaire de colorier deux parties lorsque l'entité est divisé en quatre parties. Pour aider les élèves, l'enseignant pourra découper les entités divisées en quatre parties et faire rechercher $\frac{1}{2}$ par pliage.

2 Lors de la correction, on fera remarquer que la fraction qui est représentée sur les troisième et cinquième éléments peut s'écrire $\frac{2}{4}$ ou $\frac{1}{2}$.

3 On encouragera les élèves à colorier les parts mangées afin de les aider à trouver le résultat.

CORRIGÉS

Fiche 29a

3 Il y a 2 demi-heures dans une heure, donc $\frac{1}{2} + \frac{1}{2} = 1$
Il y a 4 quarts d'heure dans une heure,
donc $\frac{1}{4} + \frac{1}{4} + \frac{1}{4} + \frac{1}{4} = 1$

4

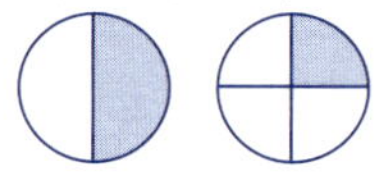

5 a.

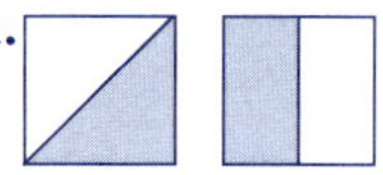

$\frac{1}{2}$

b.

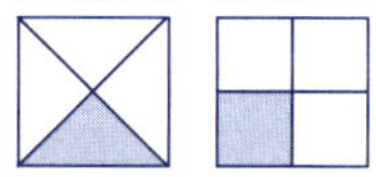

$\frac{1}{4}$

Fiche 29b

2 Successivement, les schémas représentent :
$\frac{1}{4}$; $\frac{3}{4}$; $\frac{2}{4}$ ou $\frac{1}{2}$; $\frac{1}{4}$; $\frac{2}{4}$ ou $\frac{1}{2}$

3 Il reste 3 parts de tarte soit $\frac{3}{4}$ d'une tarte.

Fiche 30

Tables de multiplication par 8 et par 9

Objectifs :

– exercer sa mémoire ;
– apprendre les tables de multiplication par 8 et par 9 ;
– retrouver les multiples de 8 et de 9 ;
– repérer le rôle du 0 et du 1 dans la multiplication.

Avant de commencer les fiches 30a et 30b, les élèves reprendront leur jeu de Mémory pour les tables de 8 et 9, et procéderont comme ils l'ont fait avec les tables précédentes.

Fiches 30a et 30b

Là encore, nous conseillons de réaliser ces fiches en deux séances : une pour chaque table.

1 et **5** L'objectif est toujours de généraliser le rôle du 0 et du 1 dans la multiplication. On fera remarquer que ce qui est étudié ici s'appliquait déjà pour les tables précédentes : quand on multiplie un nombre par 0, on obtient 0, et quand on le multiplie par 1, on obtient ce même nombre.

2, **6** et **9** Ces exercices-jeux nécessitent de se remémorer la table de multiplication concernée. La démarche utilisée sera utile lors du calcul des divisions.

3 et **7** Là encore, comme pour les autres fiches d'apprentissage des tables, les élèves devront réaliser ces exercices dans un temps limité.
4 et **8** Il s'agit d'appliquer directement la connaissance d'une table dans le calcul d'une multiplication. En cas de difficulté sur la technique, on pourra reprendre les fiches 20 et 25.

CORRIGÉS

1 8 x 0 = 0 ; 8 x 1 = 8

2 De gauche à droite, les étiquettes coloriées portent les n° : 48, 40, 8, 72, 56, 16, 80, 64, 24, 32.

3

8 x 2 = 16	8 x 3 = 24	8 x 7 = 56	8 x 1 = 8
8 x 8 = 64	8 x 4 = 32	8 x 3 = 24	8 x 10 = 80
8 x 6 = 48	8 x 5 = 40	8 x 4 = 32	8 x 5 = 40
8 x 7 = 56	8 x 9 = 72	8 x 8 = 64	8 x 10 = 80
8 x 2 = 16	8 x 9 = 72	8 x 1 = 8	8 x 6 = 48

4 271 x 8 = 2 168 534 x 8 = 4 272 986 x 8 = 7 888

5 9 x 0 = 0 ; 9 x 1 = 9

6 Les étiquettes coloriées portent les n° : 63, 36, 9, 72, 27, 90, 54, 18, 45, 81.

7

9 x 2 = 18	9 x 3 = 27	9 x 3 = 27	9 x 1 = 9
9 x 9 = 81	9 x 2 = 18	9 x 10 = 90	9 x 10 = 90
9 x 6 = 54	9 x 5 = 45	9 x 4 = 36	9 x 7 = 63
9 x 7 = 63	9 x 9 = 81	9 x 8 = 72	9 x 5 = 45
9 x 8 = 72	9 x 4 = 36	9 x 6 = 54	9 x 1 = 9

8 35 x 76 = 2 660 23 x 67 = 1 541 18 x 76 = 1 368
69 x 67 = 4 623

9 Le multiple de 8 et de 9 est 72 (en rouge) ; de gauche à droite, les multiples de 8 sont : 16, 80, 32, 56, 40, 8, 48, 64, 24 (en bleu) et ceux de 9 : 36, 45, 9, 81, 18, 27, 90, 63, 54 (en orange).

Fiche 31

ÉCRITURES FRACTIONNAIRES (2)

OBJECTIFS :

– appréhender les écritures fractionnaires simples ;
– retrouver sur des représentations les fractions :
$\frac{1}{10}, \frac{2}{10}, \frac{3}{10} \ldots$;
– représenter les fractions $\frac{1}{10}, \frac{2}{10}, \frac{3}{10} \ldots$;
– percevoir que :
$\frac{1}{10} + \frac{1}{10} + \frac{1}{10} + \frac{1}{10} + \frac{1}{10} + \frac{1}{10} + \frac{1}{10} + \frac{1}{10} + \frac{1}{10} + \frac{1}{10} = 1$.

Fiche 31a

Cette fiche peut être réalisée en binôme.
Cette première approche de la fraction décimale, qui sera reprise au CM, prépare les élèves à l'apprentissage futur des nombres décimaux.
Nous conseillons de ne pas insister pour les élèves ayant trop de difficulté. Même si nous trouvons intéressant d'appréhender cette notion dès le CE2, il n'est pas pour autant exigible de la posséder à la fin de cette classe.
1, **2** et **3** Le but de ces exercices est que les élèves perçoivent la représentation spatiale de $\frac{1}{10}$. On pourra reprendre ces exercices avec le tracé du mètre de la classe divisé en $\frac{1}{10}$ mètre = 10 dm.
4 et **5** On remarquera avec les élèves que les écritures fractionnaires concernent aussi les nombres plus grands qu'un entier : $\frac{13}{10} = 1 + \frac{1}{3}$; $\frac{16}{10} = 1 + \frac{6}{10}$.

Fiche 31b

Ce jeu reprend le principe du jeu de dominos. Dans un premier temps, les élèves peuvent poser leurs dominos à plat pour qu'ils soient visibles par l'ensemble des joueurs et s'entraider dans le jeu.

CORRIGÉS

Fiche 31a

1 $\frac{1}{10}$

2 $\frac{1}{10}$

3 Il y a 10 dixièmes de litre dans un litre.
$\frac{1}{10} + \frac{1}{10} + \frac{1}{10} + \frac{1}{10} + \frac{1}{10} + \frac{1}{10} + \frac{1}{10} + \frac{1}{10} + \frac{1}{10} + \frac{1}{10} = 1$
Ou $10 \times \frac{1}{10} = 1$

5 Successivement, les schémas représentent :
$\frac{3}{10}$; $\frac{16}{10}$ ou 1 et $\frac{6}{10}$; $\frac{8}{10}$.

Fiche 32

RELATIONS ENTRE LES NOMBRES

OBJECTIFS :

– appréhender les notions de double, de moitié, de triple ;
– retrouver l'occurrence d'une suite et la poursuivre ;
– compter de 25 en 25, de 50 en 50, de 100 en 100… en avant et en arrière ;
– comprendre comment multiplier un nombre par 10.

Fiche 32a

Avant de commencer ce jeu, on s'assurera de la bonne compréhension des termes « double » et « moitié » et on recherchera oralement (ou en utilisant le procédé Lamartinière) quelques doubles et moitiés. L'enseignant pourra aussi expliquer ce que signifie « le dixième » et comment trouver le résultat dans la dernière partie du jeu.
Nous préconisons que cette fiche soit réalisée individuellement et que la correction soit aussi individualisée. L'enseignant montrera l'endroit où se situe la première erreur, essaiera d'en comprendre le pourquoi avec l'élève et redonnera des explications en cas de nécessité. Nous conseillons que les élèves remplissent cette fiche au crayon afin de pouvoir gommer en cas d'erreur.

Fiche 32b

1 La technique pour multiplier un nombre par 10 a déjà été abordée en fiche 25. On pourra s'y référer en cas de besoin.

3 Avant de commencer cet exercice, on s'assurera de la bonne compréhension du principe des nombres croisés – déjà rencontré en fiche 24. Lors de la correction, on réfléchira aux différentes stratégies employées pour remplir la grille.

CORRIGÉS

Fiche 32a

Le résultat du jeu de piste de nombres est 1 000.

Fiche 32b

1 25 x 10 = 250	12 x 10 = 120	8 x 10 = 80
150 x 10 = 1 500	100 x 10 = 1 000	250 x 10 = 2 500

2 25 – 50 – 75 – 100 – 125 – 150 – 175 – 200
700 – 750 – 800 – 850 – 900 – 950 – 1000 – 1050
500 – 450 – 400 – 350 – 300 – 250 – 200 – 150
200 – 175 – 150 – 125 – 100 – 75 – 50 – 25

3

	A	B	C	D	E
1	2	5	■	1	6
2	4	0	■	0	■
3	■	■	5	■	8
4	1	5	0	■	■
5	5	0	0	■	9

Fiche 33

La division simple

Objectifs :

– comprendre le sens de la division ;
– savoir poser une division simple ;
– savoir retrouver dans une table de multiplication le multiple le plus proche inférieur à un nombre donné.

Fiche 33a

Cette fiche pourra être réalisée en binôme. L'enseignant laissera un paquet de 50 feuilles à disposition des élèves pour les aider à résoudre le problème de l'exercice **3**.
Ces deux situations sont à travailler de la même façon que la fiche 18. Cependant, on montrera comment éviter la représentation schématisée pour trouver la réponse grâce aux tables de multiplication en insistant sur les exercices **2** et **4**.

Fiche 33b

L'objectif de cette fiche est que les enfants se détachent de la résolution par le dessin ou la manipulation (encore nécessaire dans un premier temps) pour parvenir au calcul, ce qui nécessite une bonne capacité d'abstraction.
Les élèves travailleront les trois premiers exercices par groupes de deux, avant de réaliser individuellement l'exercice **4**.
Même si l'ensemble des tables a été travaillé précédemment, il sera permis, pour les élèves qui en auraient besoin, d'utiliser la table de multiplication de la fiche 9b.
Si une correction collective est possible pour les exercices **2** et **3** – en mettant l'accent sur la procédure à mettre en œuvre pour trouver le résultat –, nous conseillons une correction individuelle de l'exercice **4** pour comprendre les lacunes de certains élèves. Notons que ce travail sur la division sera repris au CM1.

CORRIGÉS

Fiche 33a

1 48 | 8
reste → 0 | 6 ← résultat
48 : 8 = 6. Chacun a 6 bonbons.

2 Dans 48, il y a 6 fois 8. 8 x 6 = 48.

3 50 | 9
reste → 5 | 5 ← résultat
50 : 9 = 45. Chacun a 5 feuilles. Il en reste 5.

4 Dans 50, il y a 5 fois 9 et il reste 5. (9 x 5) + 5 = 50.

Fiche 33b

2 **b.** Il faudrait 50 tartelettes pour en placer 10 par assiette, or on veut en partager 48.

c. 48 | 5
reste → 3 | 9 ← résultat
Elle a déposé 9 tartelettes dans chaque assiette. Il en reste 3.

3 32 | 5
reste → 2 | 6 ← résultat
Chacun aura 6 cartes et il en restera 2.

4 44 : 7 = 6 (il reste 2) 25 : 4 = 6 (il reste 1)
30 : 5 = 6

Fiche 34

Utiliser les quatre opérations

Objectifs :

– comprendre une situation et savoir résoudre le problème posé ;
– connaître le sens des opérations ;
– utiliser les techniques de l'addition, de la soustraction, de la multiplication et de la division au niveau étudié dans cet ouvrage pour résoudre un problème.

Fiches 34a et 34b

Nous préconisons que ces deux fiches soient réalisées par groupes de deux élèves afin de favoriser les échanges. Elles n'ont pas pour vocation d'étudier la résolution de problème, qui nécessite préalablement un travail spécifique d'entraînement pour savoir :
– lire un énoncé (quelle que soit sa forme) et savoir en repérer la logique et la chronologie ;

– comprendre ce qui est demandé ;
– sélectionner les données utiles et les organiser pour pouvoir répondre à la question ;
– rechercher et communiquer ses résultats (savoir commenter et utiliser les unités adaptées, etc.) ;
– vérifier ses résultats (en particulier leur plausibilité) pour déceler les éventuelles erreurs de calcul ou de raisonnement ;
– etc.

S'il n'a pas procédé à ce travail d'entraînement spécifique, l'enseignant aidera les élèves qui auraient des difficultés de résolution – nous avons cependant choisi des situations simples, l'objectif étant ici l'utilisation des 4 opérations « en situation ».

CORRIGÉS

Fiche 34a

1 36 x 24 = 864
Le directeur a acheté 864 canettes de soda.

2 1 879 + 349 = 2 228
Monsieur Latélé aura dépensé 2 228 euros.

3 43 : 5 = 8 et il reste 3.
Chaque copain de Lionel aura 8 images et il en restera 3.

Fiche 34b

4 572 + 456 = 1 028
Jules possède 1 028 timbres.

5 1 200 – 671 = 529
La seconde étape est longue de 529 km.

6 5 x 12 = 60
60 : 7 = 8 et il reste 4.
Chacun aura 8 gaufrettes et il en restera 4.

Fiche 35 - Évaluation (5)

Les remarques préalables que nous indiquions pour les fiches d'évaluation précédentes (fiches 7, 14, 21 et 28) sont encore valables ici.

Le tableau ci-dessous permet de remplir le bilan d'évaluation individuel des élèves page 26 et de retrouver la fiche étudiée précédemment pour prévoir des actions de remédiation.

Tableau de correspondance de la fiche évaluation p. 26

Compétence	Exercices de l'évaluation	Fiches
Numération		
Connaître les fractions $\frac{1}{2}$ et $\frac{1}{4}$	1	29
Connaître la fraction décimale	3	31
Connaître les doubles et les moitiés	4	32
Compter de 25 en 25	5	32
Opérations		
Connaître la table de multiplication par 8	2	30
Connaître la table de multiplication par 9	2	30
Calculer les 4 opérations	6	11, 15, 20, 25, 33
Savoir utiliser les 4 opérations pour résoudre un problème	7	34

CORRIGÉS

2 Le multiple de 8 et de 9 est 72 (en rouge) ; de gauche à droite, les multiples de 8 sont : 8, 40, 16, 48, 80, 64, 56, 24 (en blanc) ; ceux de 9 : 90, 9, 18, 54, 27, 36, 81, 63, 45 (en marron clair).

3 Les schémas représentent successivement :
$\frac{3}{10}$; $\frac{6}{10}$; $\frac{7}{10}$; $\frac{5}{10}$ ou $\frac{1}{2}$.

4 Le double de 12 : 24
La moitié de 50 : 25
La moitié de 10 : 5
Le double de 25 : 50
La moitié de 100 : 50
Le double de 9 : 18

5 Je vais écrire 8 nombres :
25 – 50 – 75 – 100 – 125 – 150 – 175 – 200.

6 3 200 – 572 = 2 628
65 x 98 = 6 370
1 975 + 98 = 2 073
45 : 6 = 7 (reste 3)

7 **a.** 78 + 119 = 197 200 – 197 = 3
La caissière doit lui rendre 3 €.
b. 3 x 12 = 36 36 : 5 = 7 (il reste 1)
Chacun des petits-enfants aura 7 muffins et il en restera 1 pour grand-mère Gâtoo.

Règles des jeux

Fiche 5a Gagnez la sortie !

Nombre de joueurs : 2 à 4 **Matériel :** 1 pion par joueur – 3 dés

Chaque joueur place son pion sur la case 49. On tire au sort pour savoir qui commence.
Chaque joueur, à son tour, lance les trois dés et additionne les points obtenus sur chaque face.
Il lance ensuite 1 seul dé. Si la face représente un nombre pair (2,4,6), il ajoute les points obtenus précédemment au nombre sur lequel se trouve son pion. Si la face représente un nombre impair (1,3,5), il soustrait le nombre obtenu par tirage des trois dés à celui ou se trouve son pion.
Le vainqueur est celui qui parvient le plus rapidement sur une case sortie.

Fiches 6 et 13 Cartes à problèmes

Règle 1

Nombre de joueurs : 2 ou 3 **Matériel :** les cartes découpées

Le principe est le même que le jeu de la bataille.
Distribuer toutes les cartes entre les joueurs.
Chaque joueur place son tas de cartes devant lui de façon à ce qu'on ne puisse pas voir les énoncés.
Les joueurs retournent la carte du dessus. On lit les énoncés et on résout mentalement le problème.
Celui qui, dans la résolution du problème, obtient le nombre le plus grand remporte les cartes.
Celui qui n'a plus de cartes a perdu.

Règle 2

Nombre de joueurs : 2 ou 3 **Matériel :** les cartes découpées - 3 dés

On tire au sort avec un dé l'ordre des joueurs. Celui qui joue lance 1, 2 ou 3 dés selon son choix et prend la carte-problème qui correspond à son lancé, à moins qu'elle ne soit plus en jeu, auquel cas il passe son tour. Lorsqu'un joueur réussit à trouver la bonne réponse à la question de la carte qu'il a tirée, il garde cette carte. Sinon, il la remet en jeu.
À la fin, celui qui a le plus de cartes a gagné.

Fiche 10a Mémory de nombres

Nombre de joueurs : 2 à 4 **Matériel :** 1 jeu de cartes par groupe – 1 dé

Les cartes sont disposées sur une table en les retournant de façon à ce que les nombres ne soient pas visibles.
On tire au dé pour déterminer celui qui va commencer.
Le joueur retourne deux cartes. Si les cartes retournées représentent l'écriture d'un même nombre, le joueur les garde et recommence, sinon il les repose exactement où il les a prises. Le joueur suivant retourne à son tour deux cartes, etc.
Le jeu s'achève lorsqu'il n'y a plus de cartes sur la table. Le gagnant est celui qui a le plus de cartes.

Règles des jeux

Fiche 16a Jeux de cible

Règle 1

Nombre de joueurs : 2 à 4 **Matériel :** la cible – 4 dés

Chacun leur tour, les élèves lancent successivement les 4 dés.
Le premier dé lancé correspond au 1 000.
Par exemple : on obtient 3 au lancé, on place le dé sur la face des 3 points dans le cercle des 1 000.
On fait de même avec les 3 autres dés lancés : le second se place dans la partie des 100 (ex. : on obtient 2), le troisième dans la partie des 10 (ex. : on obtient 6), le quatrième dans la partie des unités (ex. : on obtient 1). On compose le nombre obtenu (dans l'exemple de la règle : 3 261).
Le joueur qui a obtenu le plus grand nombre marque 1 point. Le premier qui a 5 points a gagné.

Règle 2

Nombre de joueurs : 2 à 4 **Matériel :** la cible – 3 ou 5 pièces de 1 centime d'euro

Chacun leur tour, les élèves envoient successivement les 3 ou 5 pièces vers la cible. Pour envoyer une pièce, le joueur doit d'abord la poser dans la flèche puis la pousser d'un coup avec son pouce. Si la pièce se pose sur une ligne séparant deux nombres (ex. : sur la ligne entre 100 et 1 000), on compte le plus grand (ici : 1 000).
On totalise les points obtenus. Le joueur qui a obtenu le plus grand nombre marque 1 point. Le premier qui totalise 5 points a gagné.
REMARQUE : on peut jouer avec une seule pièce en l'envoyant 3 ou 5 fois de suite vers la cible.

Règle 3

Nombre de joueurs : 2 à 4 **Matériel :** la cible – 4 dés

Chacun leur tour, les élèves lancent successivement les 4 dés dans la cible. Pour lancer, le poignet doit être posé sur le côté de la feuille et le dé doit être lancé dans la direction de la flèche. Si un dé se pose sur une ligne séparant deux nombres (ex. : sur la ligne entre 100 et 1 000), on compte le plus petit (ici : 100).
On totalise les points obtenus. Ex. : 1 dé marquant 5 en 1 000, 2 dés en 100, l'un marquant 5 et l'autre 6, 1 dé marquant 4 en 1, le nombre obtenu est alors de 6 104 = (5 x 1 000) + (11 x 100) + 4.
Le joueur qui a obtenu le plus grand nombre marque 1 point. Le premier arrivé à 5 points a gagné.

✂--

Fiche 17 Loto des comparaisons

Nombre de joueurs : 3 **Matériel :** les grilles de loto – les jetons placés dans une boîte

Deux joueurs ont le même nombre de grilles.
Le troisième joueur, le meneur du jeu, garde la boîte dans laquelle sont disposés les jetons. Sans regarder les jetons, de sorte à ne favoriser personne, le meneur du jeu prend un jeton et lit le nombre inscrit dessus. Le joueur qui trouve où placer le jeton lève le doigt. Le meneur du jeu lui donne le jeton qu'il place sur sa grille. On recommence jusqu'au moment où un des deux joueurs a une grille remplie. Il est déclaré vainqueur.
ATTENTION : si un joueur a levé le doigt, mais ne sait pas immédiatement où placer le jeton, non seulement il ne reçoit pas ce jeton, mais il doit en rendre un qui est remis dans la boîte.
REMARQUE : le nombre de joueurs peut augmenter si on a construit suffisamment de grilles et de jetons supplémentaires.

Règles des jeux

Fiches 22, 23, 26, 30 Mémory des tables

Nombre de joueurs : 2 à 4
Préparation du matériel : compléter les 8 cartes-multiplications en inscrivant le nombre qui correspond à la table étudiée. Écrire les huit résultats des multiplications sur les 8 cartes vides.

Les cartes sont disposées sur une table et retournées de façon à ce que les nombres ne soient pas visibles.
On tire au dé pour déterminer celui qui va commencer.
Le joueur retourne deux cartes. Si les cartes retournées représentent l'écriture d'un même nombre, le joueur les garde et recommence, sinon il les repose exactement où il les a prises. Le joueur suivant retourne à son tour deux cartes, etc. Le jeu s'achève lorsqu'il n'y a plus de cartes sur la table. Le gagnant est celui qui a le plus de cartes.

Bilans des évaluations

Évaluation 1 (fiche 7)

Nom : ....

Date : ....

Numération jusqu'à 99			
Écrire un nombre en chiffres	☺	😐	☹
Écrire un nombre en lettres	☺	😐	☹
Décomposer un nombre	☺	😐	☹
Retrouver le chiffre des unités dans un nombre	☺	😐	☹
Retrouver le chiffre des dizaines dans un nombre	☺	😐	☹
Retrouver le nombre d'unités dans un nombre	☺	😐	☹
Retrouver le nombre de dizaines dans un nombre	☺	😐	☹
Savoir utiliser les signes <, >, =	☺	😐	☹
Encadrer un nombre à l'unité	☺	😐	☹
Ranger des nombres en ordre croissant	☺	😐	☹
Opérations			
Compléter des écritures additives	☺	😐	☹
Compléter des écritures soustractives	☺	😐	☹
Combiner des nombres pour en retrouver un	☺	😐	☹
Calculer de tête une addition simple	☺	😐	☹
Calculer de tête une soustraction simple	☺	😐	☹
Calculer une opération à l'aide d'une droite numérique	☺	😐	☹
Résoudre un problème en utilisant l'addition ou la soustraction	☺	😐	☹

Bilans des évaluations

Évaluation 2 (fiche 14)

Nom : ....

Date : ....

Numération jusqu'à 999			
Écrire un nombre en chiffres	☺	😐	☹
Représenter un nombre de 3 chiffres	☺	😐	☹
Décomposer un nombre de 3 chiffres	☺	😐	☹
Ranger des nombres en ordre croissant de 3 chiffres	☺	😐	☹

Opérations			
Connaître quelques résultats des tables de multiplication	☺	😐	☹
Savoir utiliser la table de multiplication	☺	😐	☹
Poser une addition en colonnes	☺	😐	☹
Calculer une addition en colonnes	☺	😐	☹
Distinguer les additions qu'il est nécessaire de poser en colonnes	☺	😐	☹
Percevoir le sens de l'addition et de la multiplication	☺	😐	☹

Évaluation 3 (fiche 21)

Nom : ....

Date : ....

Numération jusqu'à 9 999			
Écrire un nombre en chiffres	☺	😐	☹
Écrire un nombre en lettres	☺	😐	☹
Représenter un nombre de 4 chiffres	☺	😐	☹
Ranger des nombres de 4 chiffres	☺	😐	☹

Opérations			
Poser une soustraction en colonnes	☺	😐	☹
Calculer une soustraction en colonnes	☺	😐	☹
Distinguer si une soustraction doit ou non être posée en colonnes	☺	😐	☹
Dessiner pour résoudre une situation de division	☺	😐	☹
Savoir poser une division en ligne	☺	😐	☹
Savoir utiliser une calculatrice	☺	😐	☹
Savoir poser une multiplication en colonnes	☺	😐	☹
Connaître la technique de la multiplication en colonnes	☺	😐	☹

Bilans des évaluations

Évaluation 4 (fiche 28)

Nom : ....

Date : ....

Numération jusqu'à 9 999			
Écrire un nombre en chiffres	☺	😐	☹
Décomposer des nombres de 4 chiffres	☺	😐	☹
Composer des nombres de 4 chiffres	☺	😐	☹
Ranger des nombres de 4 chiffres	☺	😐	☹
Connaître les multiples de 2	☺	😐	☹
Connaître les multiples de 5	☺	😐	☹

Opérations			
Calculer une multiplication avec un chiffre au multiplicateur (2 ou 5)	☺	😐	☹
Connaître la table de multiplication par 3	☺	😐	☹
Connaître la table de multiplication par 4	☺	😐	☹
Connaître la table de multiplication par 6	☺	😐	☹
Connaître la table de multiplication par 7	☺	😐	☹
Calculer une multiplication avec deux chiffres au multiplicateur	☺	😐	☹

✂ ....

Évaluation 5 (fiche 35)

Nom : ....

Date : ....

Numération			
Connaître les fractions $\frac{1}{2}$ et $\frac{1}{4}$	☺	😐	☹
Connaître la fraction décimale	☺	😐	☹
Connaître les doubles	☺	😐	☹
Connaître les moitiés	☺	😐	☹
Compter de 25 en 25	☺	😐	☹

Opérations			
Connaître la table de multiplication par 8	☺	😐	☹
Connaître la table de multiplication par 9	☺	😐	☹
Calculer l'addition	☺	😐	☹
Calculer la soustraction	☺	😐	☹
Calculer la multiplication	☺	😐	☹
Calculer la division	☺	😐	☹
Savoir utiliser les 4 opérations pour résoudre un problème	☺	😐	☹

Nom : ....

Date : ....

LES NOMBRES DE 0 À 99 (1)

1 **Relie chacun des personnages debout autour de la table à son gâteau d'anniversaire, sachant qu'une petite bougie est égale à 1 an et qu'une grosse bougie est égale à 10 ans.**

2 **Dessine les bougies du gâteau de Ginette, l'arrière-grand-mère qui est assise dans son fauteuil, sachant que sur son gâteau d'anniversaire on pourrait placer toutes les bougies des quatre gâteaux disposés sur la table, mais on en a mis que seize.**

3 **Complète le texte suivant en écrivant les nombres en lettres (si tu as besoin, regarde le *Pour t'aider* de la fiche 1b).**

Lucie est une fille de .... ans. Son petit frère Adrien a .... ans de moins qu'elle, il a donc .... ans. La mère de Lucie, Anne, a .... ans et son grand-père Marcel .... ans. Quant à l'arrière-grand-mère, tu as déjà découvert qu'elle a .... ans.

4 **Colorie chaque personnage d'une couleur différente, puis les nombres qui correspondent à l'âge de chaque personnage de la même couleur que ses habits.**

30 + 2	20 + 20 + 20 + 20 + 17	5 – 2	5 + 3	50 + 4
(9 x 10) + 7	(5 x 10) + 4	3 x 1	10 – 2	80 + 17
20 + 20 + 14	20 + 12	10 + 10 + 10 + 2	60 – 6	

Fiche 1b

NUMÉRATION CARDINALE

Nom : ....

Date : ....

POUR T'AIDER

◆ Écrire les nombres en lettres.

1. Vingt-quatre, quatre-vingt-cinq

Pour les nombres plus petits que cent, lorsque le nombre est composé de plusieurs mots, ces mots sont séparés par un tiret.

2. Quatre-vingts, quatre-vingt-douze

On met un « s » à vingt dans « quatre-vingts ». Par contre, on n'en met pas lorsque vingt est suivi d'un autre mot.

1 Observe les abaques et écris les nombres en chiffres, puis en lettres.

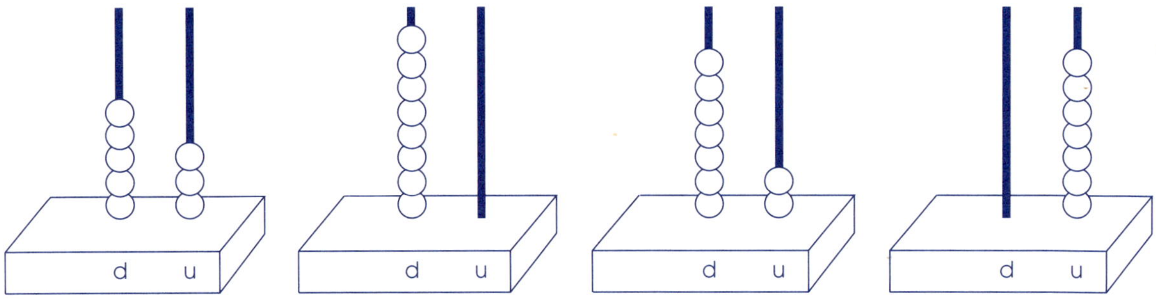

....

....

2 Complète les écritures comme sur l'exemple.

36	30 + 6	trente-six	......	9	....
65	....	....	60	....	....
......	10 + 8	....	......	....	trente-sept

3 Observe et complète le tableau.

	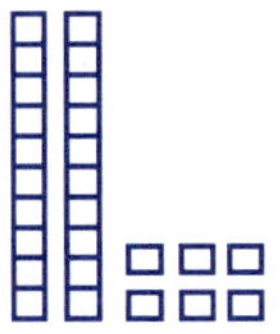		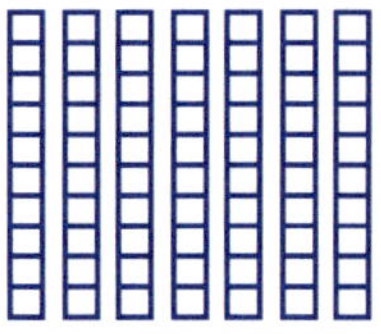	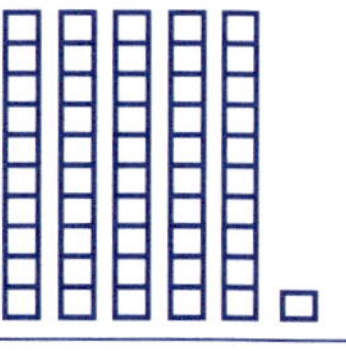
Nombre		8		
Chiffre des dizaines	2			
Chiffre des unités				1
Nombre de dizaines			7	
Nombre d'unités	26			

Nom : ....

Date : ....

Fiche
2a

NUMÉRATION ORDINALE

LES NOMBRES DE 0 À 99 (2)

1 Observe et complète les phrases.

a) Les nombres qui correspondent aux petits carrés sont des nombres ....

b) Les nombres qui correspondent aux petits ronds sont des nombres ....

c) Les nombres 49, 51, 53 sont dans l'ordre ....

d) Les nombres 98, 96, 94 sont dans l'ordre ....

2 Relie les nombres impairs en ordre croissant à partir de 49, puis relie les nombres pairs en ordre décroissant à partir de 98.

Nom : ....

Date : ....

POUR T'AIDER

♦ Comparer des nombres en utilisant les signes < (inférieur), > (supérieur) ou = (égal).

25 < 31
65 > 47
} La pointe du signe > ou < est toujours dirigée vers le nombre le plus petit.

1 Écris <, > ou = entre les nombres suivants.

76 81	40 + 5 .... 50 + 1	72 69
80 + 12 .... 90 + 2	78 .... 60 + 18	87 .... 70 + 8

2 Retrouve les 6 nombres manquants dans cette suite.

98 – 96 – 94 – 90 – 88 – 86 – 84 – 82 – 80 – 68 – 66 – 64 – 62 – 60 – 58 – 56 – 54 – 52 – 50

Nombres manquants : ....

3 Retrouve la boule dont le nombre est compris entre 57 et 82. Colorie-la en vert. Puis, colorie en jaune les boules qui ont un nombre inférieur à celui de la boule verte et en bleu celles qui ont un nombre supérieur.

4 Encadre les nombres à l'unité.

.... < 45 <	.... < 79 <	.... < 18 < ....
.... < 90 <	.... < 50 + 20 <	.... < 8 x 10 < ....

5 Range les nombres suivants dans l'ordre croissant.

78 – 45 – 65 – 34 – 56 – 89 – 70 – 12 – 87 – 54 – 26 – 42 – 95

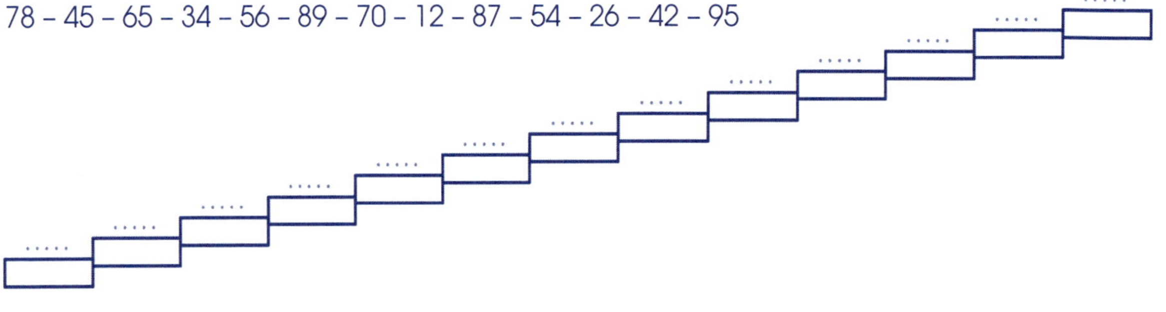

Nom : ....

Date : ....

Écritures additives

Observe et colorie :

- en gris, les nombres plus petits que 8 ;
- en bleu clair, les nombres de 8 à 10 ;
- en marron, les nombres de 11 à 13 ;
- en rouge, les nombres de 14 à 16 ;
- en noir, les nombres plus grands que 16.

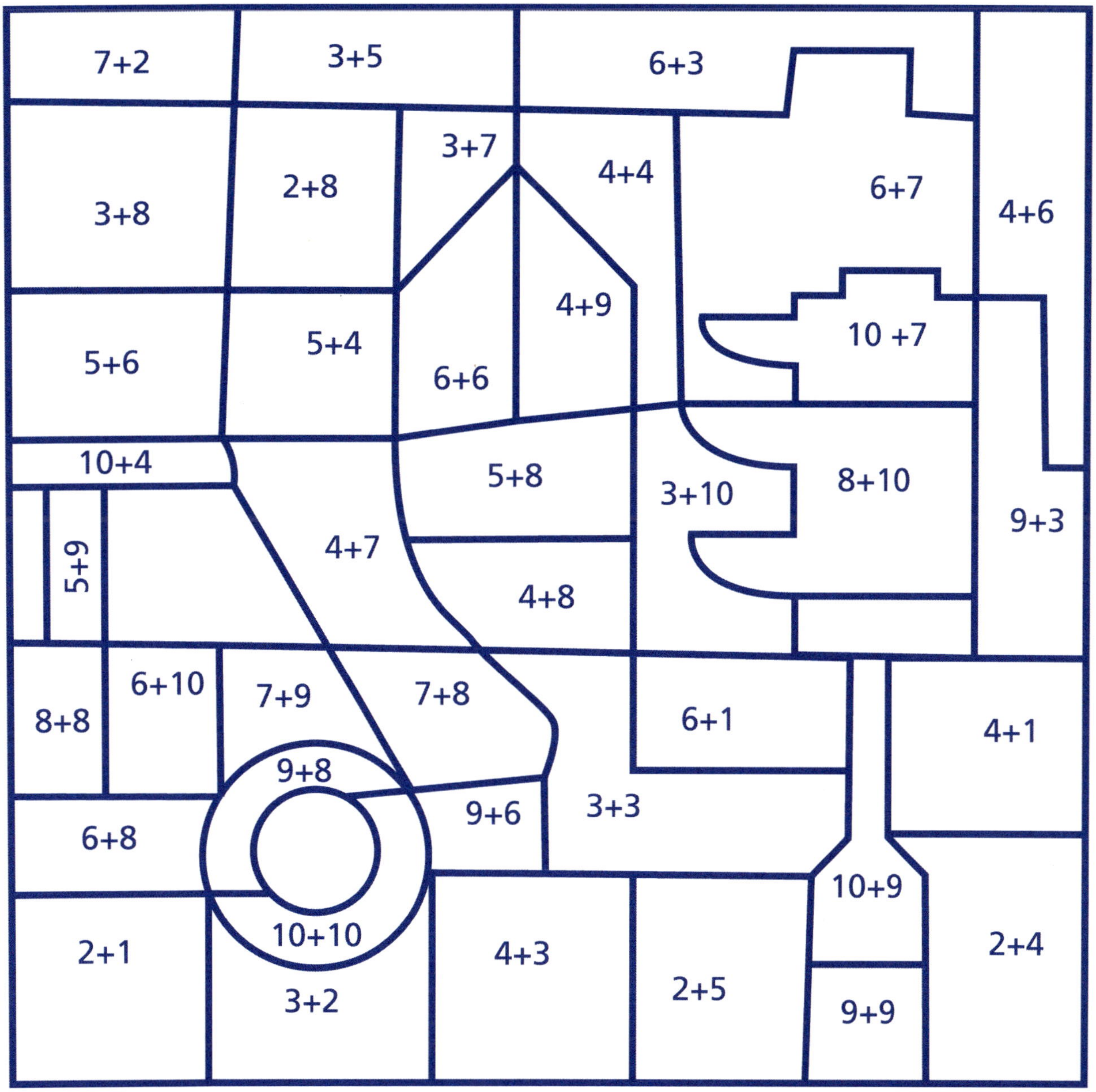

Fiche 3b

CALCUL MENTAL

Nom : ....

Date : ....

1 Complète la table d'addition.

+	0	1	2	3	4	5	6	7	8	9	10
0											
1											
2											
3											
4											
5											
6											
7											
8											
9											
10											

2 Observe les écritures additives de 5, puis écris toutes les écritures additives des nombres suivants.

5 : 0 + 5 ; 1 + 4 ; 2 + 3 ; 3 + 2 ; 4 + 1 ; 5 + 0

7 (8 écritures différentes) : ....

....

11 : ....

....

Nom : ....

Date : ....

ÉCRITURES SOUSTRACTIVES

Observe et colorie :

- en bleu, les nombres plus petits que 3 ;
- en vert, les nombres plus petits que 5 mais plus grands que 2 ;
- en jaune, les nombres plus petits que 8 mais plus grands que 4 ;
- en marron, les nombres plus grands que 7.

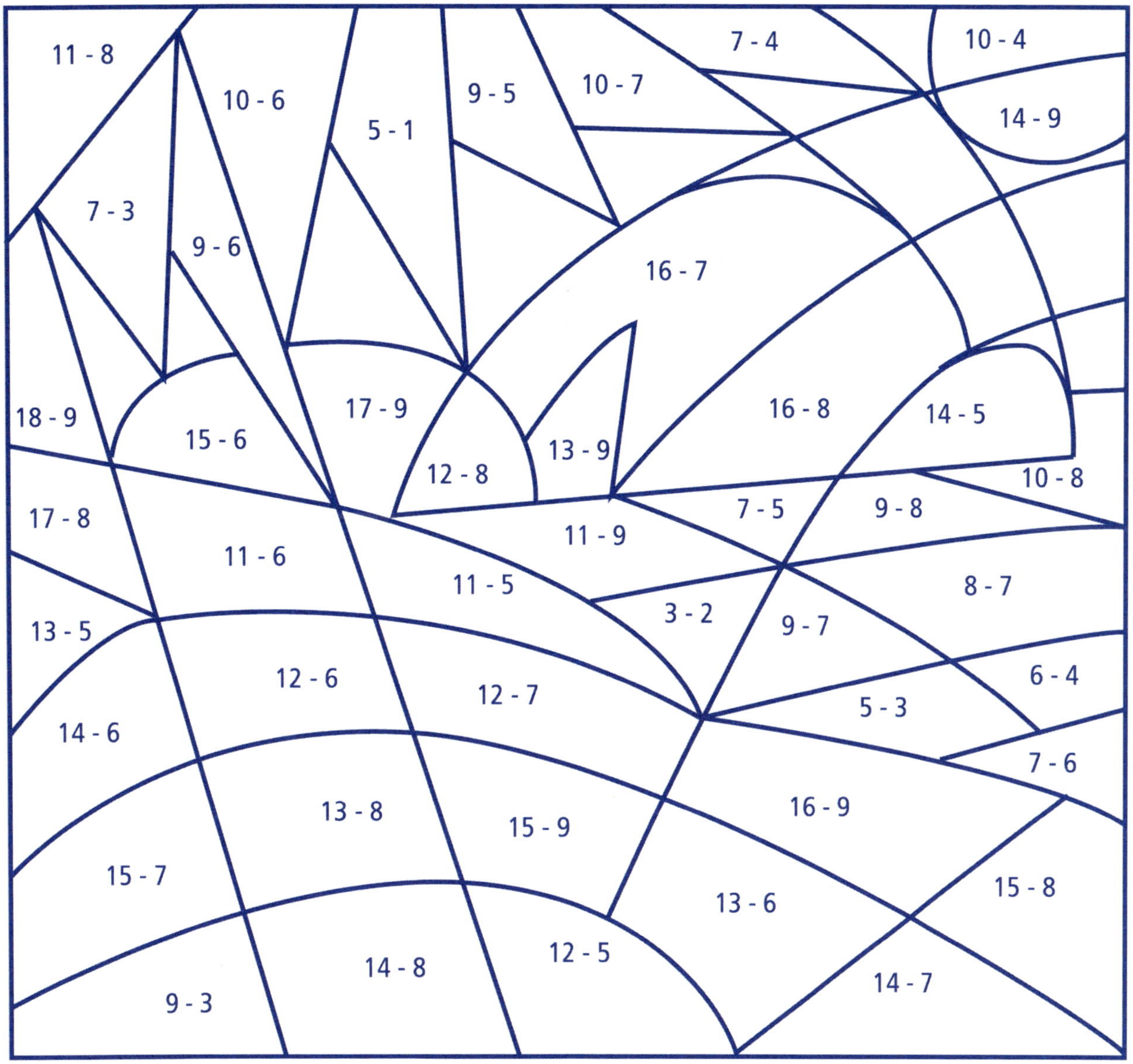

Fiche 4b

CALCUL MENTAL

Nom : ....

Date : ....

1 Complète la table de soustraction.

− ↗	9	8	7	6	5	4	3	2	1	0
18	9	10	11							
17			10							
16				10						
15										
14										
13										
12										
11										
10										
9										
8										
7										
6										
5										
4										
3										
2										
1										
0										

2 Qu'ont en commun les cases grisées du haut ?

....

3 Qu'ont en commun les cases grisées et barrées du bas ?

....

ADDITION/SOUSTRACTION (1)

Gagnez la sortie !

Lis la règle du jeu, puis joue avec tes camarades.

Nom : ....

Date : ....

Pour cette page, ne pose aucune opération.

1 **Utilise les droites numériques pour trouver les résultats des opérations.**

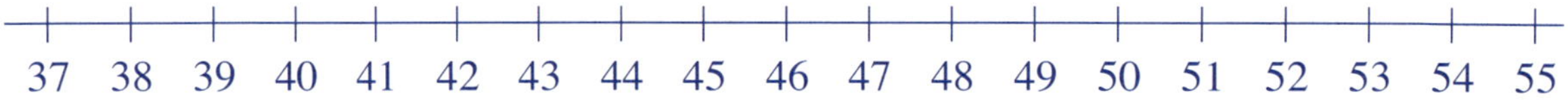

39 + 13 = ... 55 – 10 = ... 53 – 15 = ...

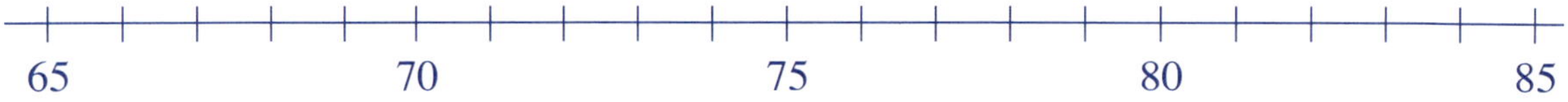

69 + 11 = ... 65 +19 = ... 80 – 14 = ... 85 – 19 = ...

2 **Résous les problèmes suivants.**

a) Jules vient de raccourcir cette baguette de 15 cm. Quelle en était la longueur ?

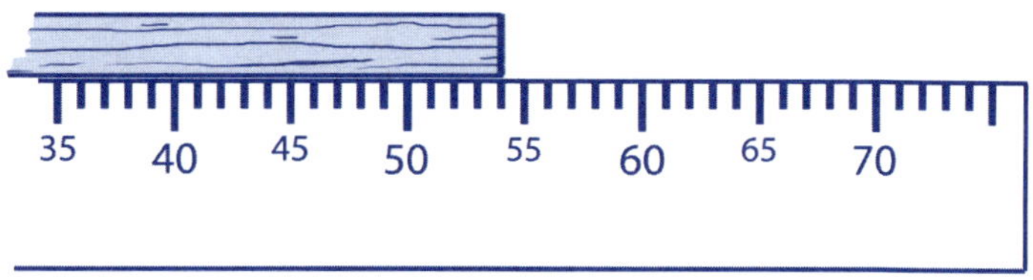

Solution : ....

b) Jules veut enlever 22 cm à cette baguette. Quelle en sera la longueur ?

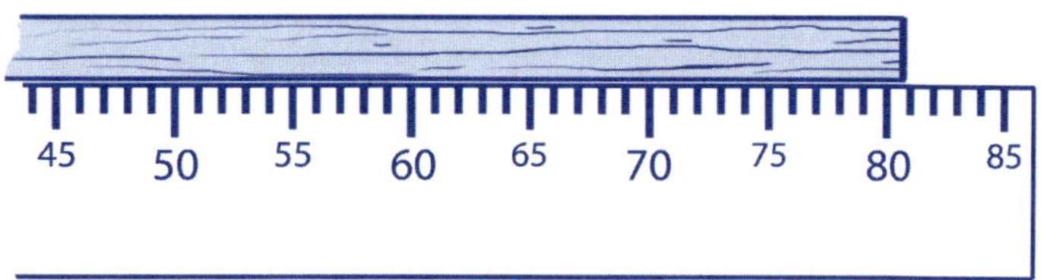

Solution : ....

3 **Observe les thermomètres et indique de combien de degrés la température a augmenté ou baissé.**

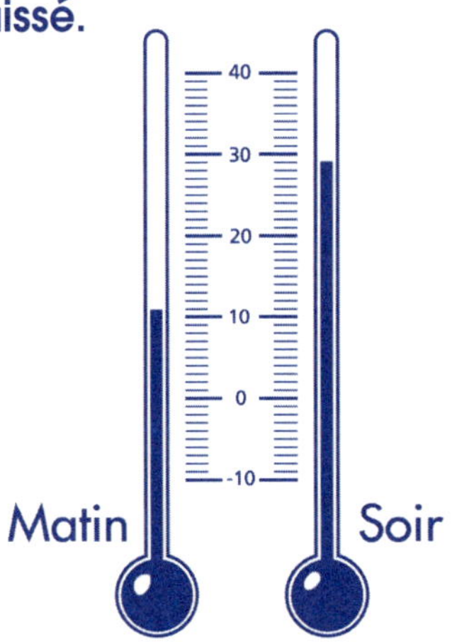

La température a ....

de .... degrés.

4 **Observe ces deux compteurs et complète la phrase.**

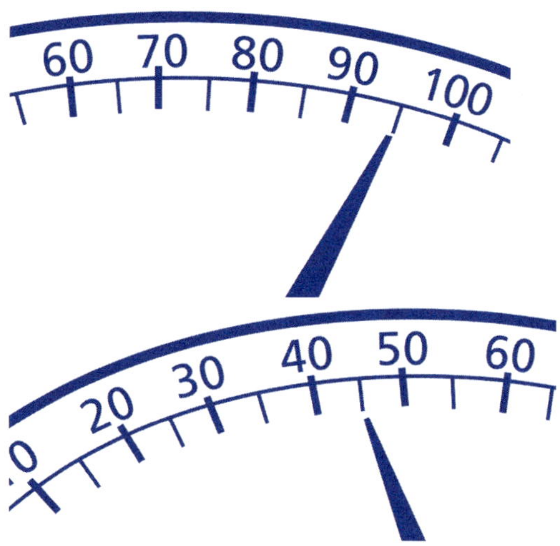

L'automobiliste a diminué sa vitesse

de .... kilomètres-heure.

ADDITION/SOUSTRACTION (2)

Cartes à problèmes

1 **Découpe ces cartes à jouer et celles de la fiche 6b. Lis la règle du jeu.**

1

Nicolas possède 25 billes et Céline en a 9. Combien de billes ont-ils ensemble ?

2

Alex possède 9 cartes postales de plus que Lola. Lola a 12 cartes. Combien en a Alex ?

3

Agathe achète un DVD qui coûte 16 €. Il lui reste alors 8 € dans sa tirelire. Combien Agathe avait-elle avant son achat ?

4

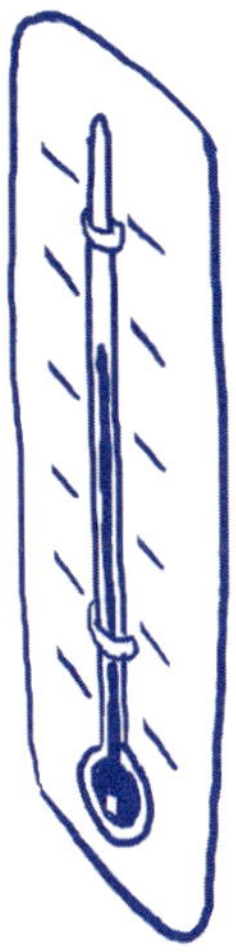

Il faisait 8°C ce matin et 17°C cet après-midi.
De combien la température a-t-elle augmenté ?

5

Maman avait 27 ans lorsque Léa est née et 30 quand Julien est né. Julien a 7 ans, quel âge a Léa ?

6

Matisse, qui a 28 billes, en a 8 de plus que Jules. Combien de billes a Jules ?

7

Luc a dépensé 8 € chez le libraire sur les 20 qu'il possédait. Quelle somme lui reste-t-il ?

8

À la ferme de Jean, il y a 17 vaches. 8 sont dans l'étable. Combien sont à l'extérieur ?

9

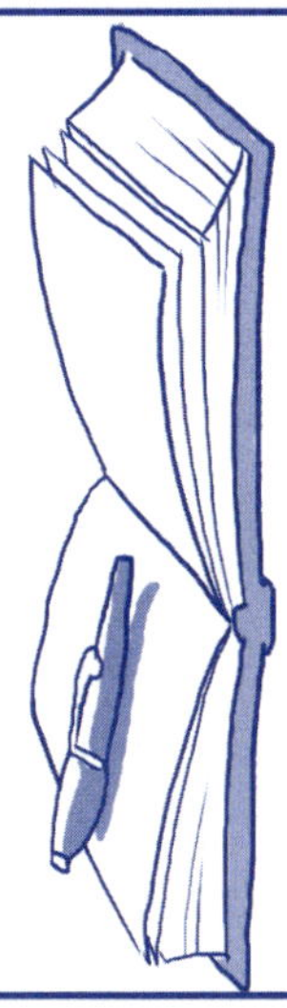

J'ai acheté un livre à 12 € et un stylo à 13 €.
Combien ai-je dépensé ?

10

Lisa pèse 26 kg et Julie 8 kg de moins qu'elle.
Combien pèse Julie ?

11

Karim a déjà effectué 13 km à vélo et doit encore en faire 10 pour rentrer chez lui.
Quelle distance aura-t-il parcourue ?

12

Pour payer un livre, je donne 20 € au libraire, qui m'en rend 6.
Combien ai-je dépensé ?

13

Léo avait 13 billes.
Il en a perdu 7.
Combien lui en reste-t-il ?

14

Amélie a 21 images. C'est 10 de moins que Lola. Combien d'images possède Lola ?

15

Lucie a mis 9 pommes dans sa tarte. Il lui en reste 8.
Combien de pommes avait-elle ?

16

Lilian a 20 € et Armelle 12 €. Quelle somme d'argent Lilian possède-t-il de plus qu'Armelle?

17

La température a baissé de 6°C depuis midi. Il ne fait plus que 24°C. Quelle était la température à midi ?

18

Line a lu 20 pages de son roman. Encore autant et elle l'aura terminé. Combien son roman a-t-il de pages ?

Nom : ....

Date : ....

ÉVALUATION (1)

1 Complète les écritures comme sur l'exemple.

26	20 + 6	(2 x 10) + 6	Vingt-six
78	....	....	....
....	....	....	Quatre-vingt-douze
....	50 + 7	....	....

2 Complète le tableau.

	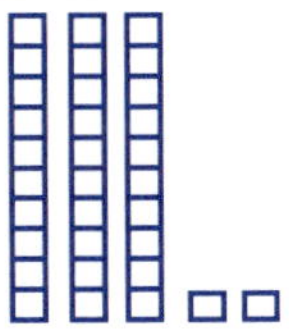	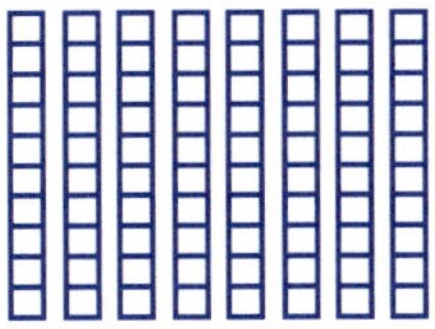		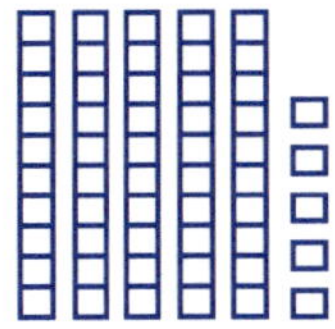
Nombre				
Chiffre des dizaines				
Chiffre des unités				
Nombre de dizaines		8		
Nombre d'unités	32			

3 Écris >, < ou = entre les nombres suivants.

66 71

60 + 15 .... 70 + 5

20 + 5 .... 30 + 1

98 .... 80 + 18

92 89

86 .... 70 + 9

4 Encadre les nombres à l'unité.

.... < 40 < ....

.... < 95 < ....

.... < 60 + 11 < ....

.... < 20 + 20 < ....

.... < 29 < ....

.... < 6 x 10 < ....

5 Range les nombres suivants dans l'ordre croissant.

68 – 32 – 54 – 70 – 65 – 34 – 56 – 89 – 90 – 12 – 77 – 29 – 16 – 42

....

Fiche 7b
ÉVALUATION

Nom : ....

Date : ....

6 Complète les opérations suivantes.

7 + 5 = ...	8 + ... = 14	15 + 5 = ...
6 + ... = 12	.... + 8 = 17	8 + 7 = ...
11 + ... = 20	5 + ... = 13	.... + ... = 14

7 Colorie d'une même couleur les cubes qui font un total de 20 points.

8 Calcule de tête les opérations suivantes.

17 – 8 = ...	19 – 7 = ...	15 – 5 = ...
16 + 9 = ...	13 – 7 = ...	12 – 5 = ...
20 – 11 = ...	18 – 6 = ...	11 – 6 = ...

9 Utilise les droites numériques pour trouver les résultats des opérations.

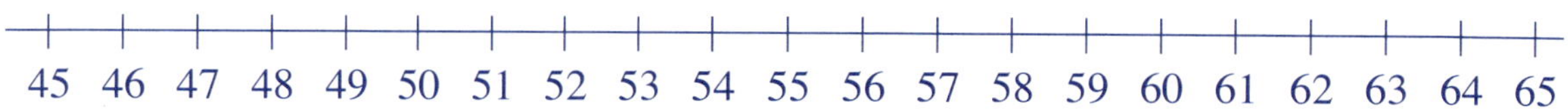

49 + 13 = ... 57 – 11 = ... 63 – 12 = ...

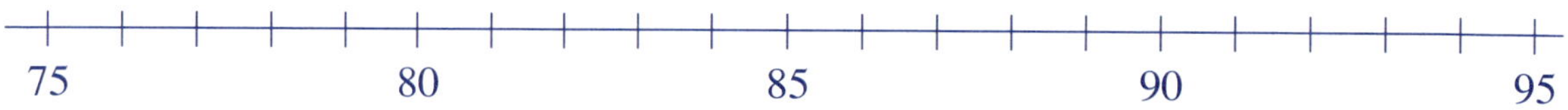

79 + 11 = ... 75 +19 = ... 80 + 14 = ... 95 – 19 = ...

10 Résous de tête les deux problèmes suivants.

a) Emma a gagné 12 billes. Elle en a maintenant 20.
Combien en possédait-elle avant d'avoir gagné ?

....

....

b) Dans la ferme de Monsieur Jules, 12 poules sont dans le poulailler et 15 en sont sorties.
Combien de poules possède Monsieur Jules ?

....

....

Nom : ....

Date : ....

LES NOMBRES JUSQU'À 999 (1)

1 **Dans les carrés au bas de la page, découpe 5 plaques de 100 unités, 9 barres de 10 unités, et 10 unités.**

2 **Avec ton voisin, représente successivement les nombres suivants avec le matériel découpé.**

neuf cent trois / quatre-vingt-quinze / trois cent quarante / 72 / 720 / 390 / 685 / 707

3 **Chacun dit un nombre et l'autre le représente avec son matériel. Recommencez 5 fois. Celui qui a fait le moins d'erreurs a gagné.**

4 **Représente les nombres comme sur l'exemple.**

537 

602

240

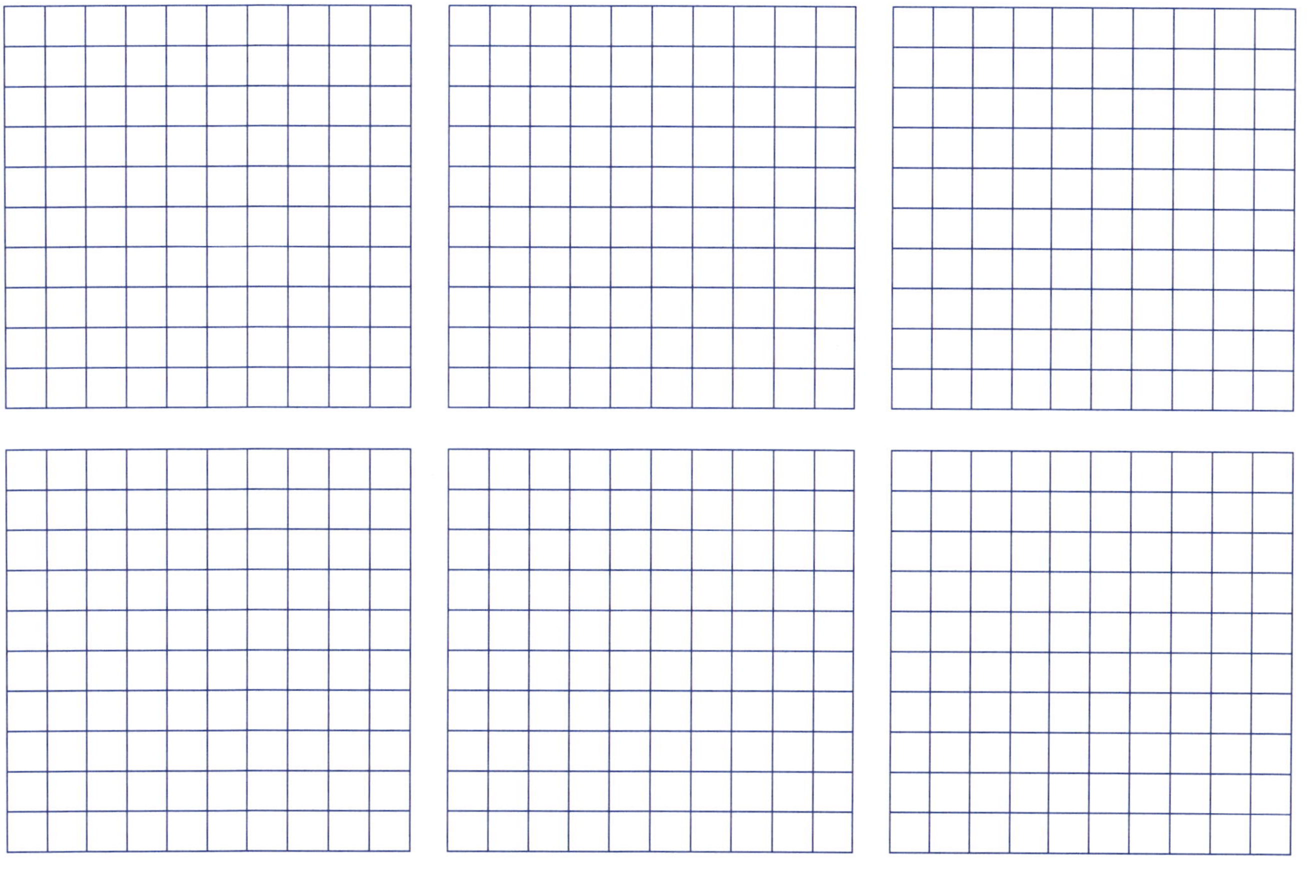

Nom : ....

Date : ....

POUR T'AIDER

◆ **Écrire les nombres en lettres.**

1. Cent soixante-cinq

On ne met pas de tiret entre cent et un autre mot.

2. Quatre cents, quatre cent quatre-vingt-six

On met un « s » à cent lorsqu'il n'est pas suivi d'un autre adjectif numéral. Par contre, on n'en met pas dans le cas contraire. (Revois le *Pour t'aider* de la fiche 1b.)

1 **Observe les abaques et écris les nombres en chiffres, puis en lettres.**

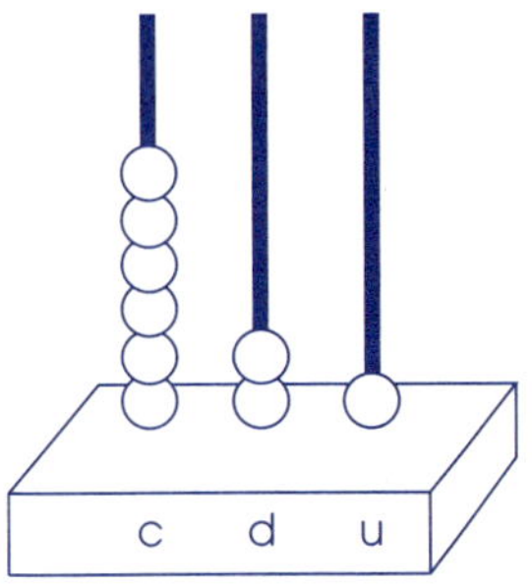

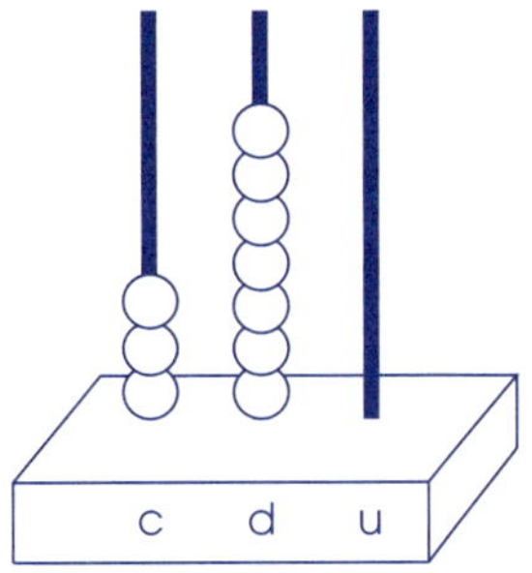

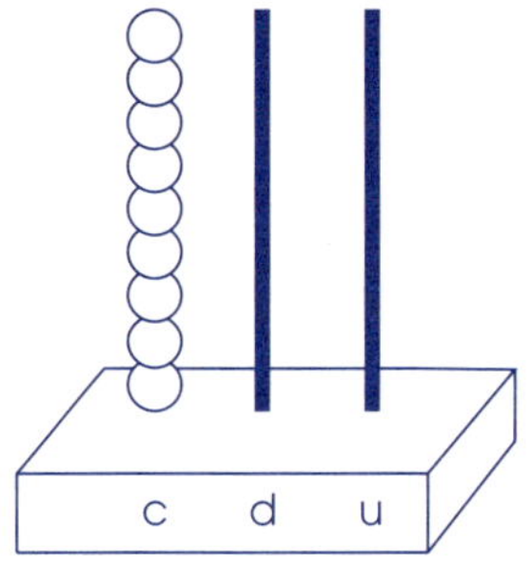

....

....

2 **Indique le prix du VTT de Lionel.**

Le VTT coûte .... euros.

3 **En dessinant des billets et des pièces, représente 350 euros et 404 euros.**

350 euros	404 euros

Nom : ....

Date : ....

Écritures multiplicatives

Observe et colorie :

- en bleu, les nombres jusqu'à 19 ;
- en vert, les nombres de 20 à 39 ;
- en orange, les nombres de 40 à 59 ;
- en jaune, les nombres de 60 à 99.

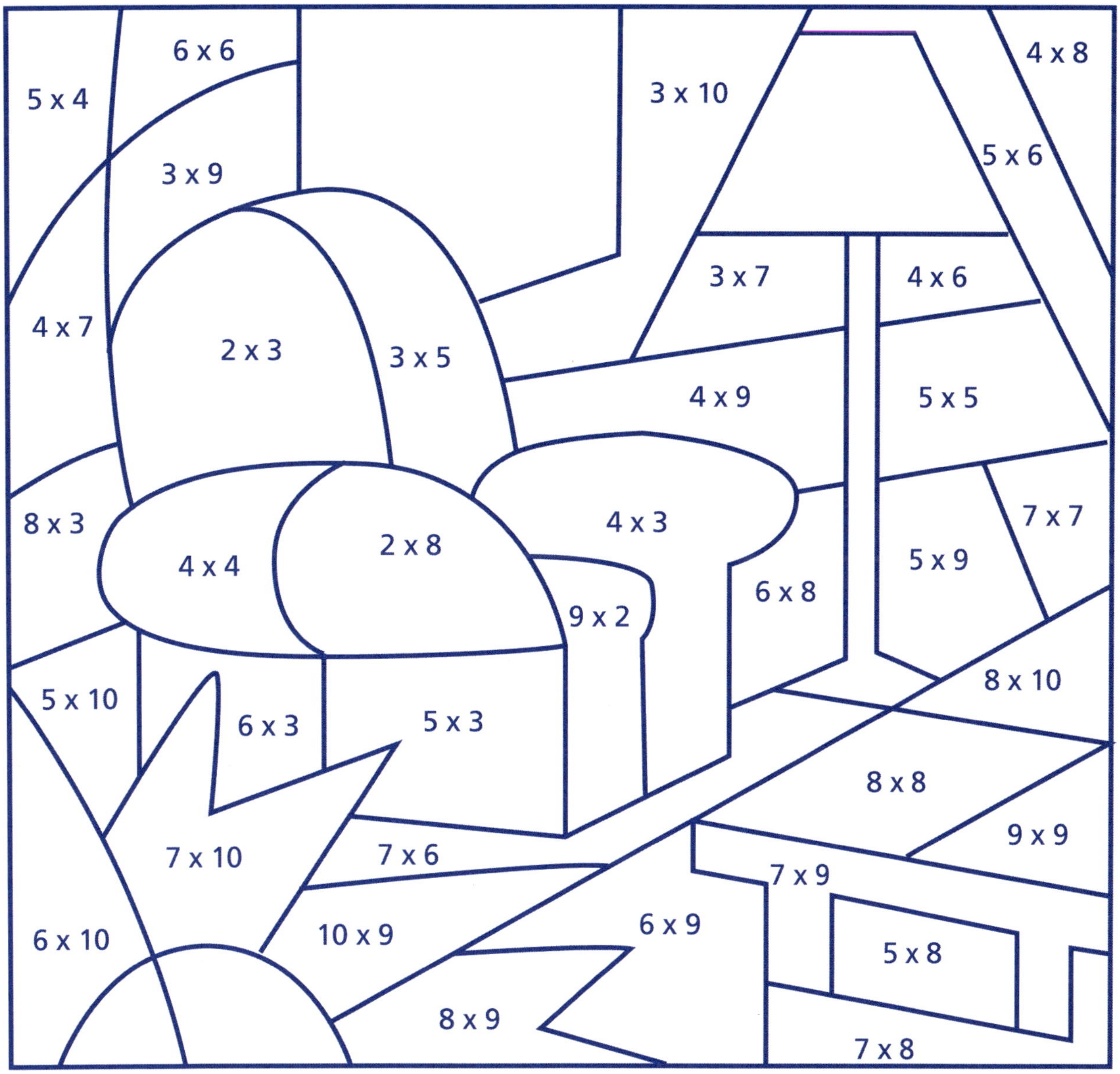

Fiche 9b

CALCUL MENTAL

Nom : ....

Date : ....

1 Complète la table de multiplication.

x	0	1	2	3	4	5	6	7	8	9	10
0											
1											
2											
3											
4											
5											
6											
7											
8											
9											
10											

**2 Observe la première ligne et la première colonne.
Que remarques-tu ? Que peux-tu en déduire ?**

....

....

....

3 Observe et déduis maintenant pour les deuxièmes ligne et colonne.

....

....

....

LES NOMBRES JUSQU'À 999 (2)

Mémory de nombres

Découpe les cartes et lis la règle du jeu.

626	(6 x 100) + (2 x 10) + 6	660	(6 x 100) + (6 x 10)
531	500 + 30 + 1	700	7 x 100
160	100 + (6 x 10)	505	(5 x 100) + 5
70	7 x 10	195	100 + (9 x 10) + 5

Fiche 10b

NUMÉRATION CARDINALE

Nom : ....

Date : ....

1 Décompose les nombres de deux façons comme sur l'exemple.

346 = 300 + 40 + 6 = (3 x 100) + (4 x10) + 6

678 = ...

98 = ...

350 = ...

607 = ...

2 Colorie les nombres égaux d'une même couleur.

60 + 3	(6 x 100) + (3 x 10)	(6 x 100) + 3	600 + 3
63	603	(6 x 10) + 3	600 + 30
636	630	(6 x 100) + (3 x 10) + 6	
600 + 30 + 6			

3 Complète le tableau.

Trois cent quatre-vingt-six		
	(5 x 100) + (2 x 10) + 8	
Six cent six		
		343
		804

4 Complète le tableau. Si tu en as besoin, tu peux utiliser les plaques de 100, les barres de 10 et les unités de la fiche 8a.

Nombre	765			
Chiffre des centaines		3		
Chiffre des dizaines		1	7	
Chiffre des unités		0	8	8
Nombre de centaines			6	
Nombre de dizaines	76			54
Nombre d'unités				

Nom : ....

Date : ....

TECHNIQUE DE L'ADDITION

Fiche à réaliser avec ton voisin ou ta voisine.

1 **Suis les consignes pour réaliser l'addition avec le matériel découpé en fiche 8a.**

1. Représente les nombres 146 et 255 comme ci-dessous.

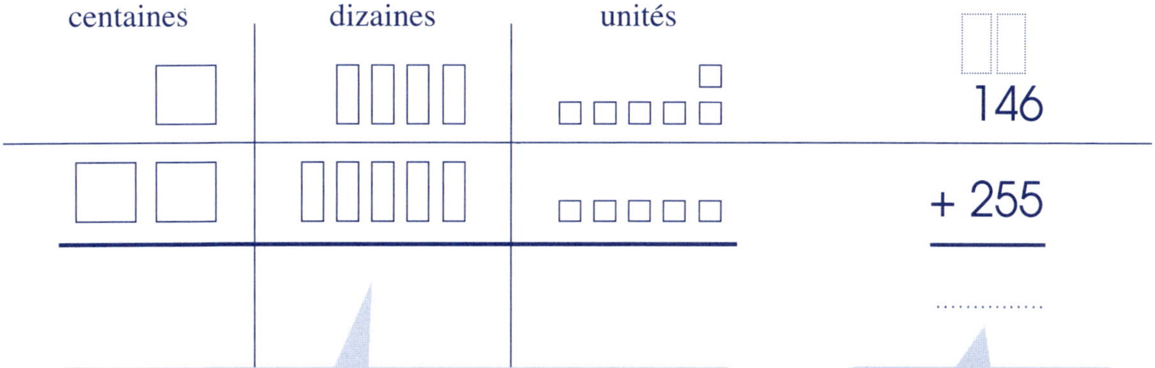

2. Mets ensemble les plaques, les barres et les petits carrés représentant les centaines, les dizaines et les unités. Après avoir effectué les échanges nécessaires entre unités, dizaines et centaines, dessine ce que tu obtiens.

3. Écris le résultat de l'opération en indiquant en retenue la dizaine et la centaine ajoutées par échange.

2 **Avec le même matériel, représente les additions suivantes et complète-les ensuite en colonnes en n'oubliant pas d'indiquer les retenues.**

337 + 249 = ...	126 + 282 = ...	156 + 78 = ...
3 3 7	....	1 5 6
+	+ 2 8 2	+ ....
....	....	....

3 **Résous le problème suivant. Tu peux, si tu le souhaites, faire un schéma au dos de la feuille pour représenter la situation.**

M. Jules ramasse les œufs de ses poules chaque matin et chaque soir. Il les place dans des boîtes de 10. Lorsqu'il a rempli 10 boîtes, il les range dans une caissette pour les livrer. Avec la ponte du matin, il a préparé 3 caissettes et 6 boîtes de 10 œufs. Il reste 7 œufs qu'il n'a pas pu ranger. Le soir, il a ramassé 271 œufs.

Trouve le nombre de caissettes et de boîtes qu'il aura remplies pour la journée ainsi que le nombre total d'œufs pondus par ses poules.

Solution : ....

Nom : ....

Date : ....

POUR T'AIDER

♦ Calculer une addition en colonnes.

Il faut bien la poser (unités sous unités, dizaines sous dizaines, etc.), puis additionner les colonnes en commençant par celle des unités, sans oublier les retenues.

$$\begin{array}{r} {}^{1}\,{}^{1}\;\; \\ 1\,4\,3 \\ +\;2\,7\,8 \\ \hline 4\,2\,1 \end{array}$$

1 **Calcule ces opérations en ligne lorsque tu le peux. Sinon, pose-les en colonnes et calcule-les.**

176 + 342 = ...	300 + 120 = ...	145 + 230 = ...
668 + 57 = ...	100 + 150 + 200 = ...	765 + 43 = ...

Écris tes calculs :

2 **Complète les additions.**

$$\begin{array}{r} 3\,5\,6 \\ +\;\;\;7\,3 \\ \hline \text{.........} \end{array} \qquad \begin{array}{r} 1\,0\,7 \\ +\;5\,9\,8 \\ \hline \text{.........} \end{array} \qquad \begin{array}{r} 7\,2 \\ +\;3\,3\,. \\ \hline 4\,.\,1 \end{array} \qquad \begin{array}{r} 3\,5\,8 \\ +\;\;6\,. \\ +\;\;.\,1 \\ \hline .\,0\,8 \end{array}$$

3 **Complète ce carré magique. En additionnant les nombres en lignes, en colonnes ou selon les diagonales, tu dois toujours obtenir le même nombre.**

29		49
	44	
		59

Écris tes calculs :

Nom : ....

Date : ....

LES NOMBRES JUSQU'À 999 (3)

1 **Relie les nombres dans l'ordre croissant pour découvrir le dessin. Colorie-le.**

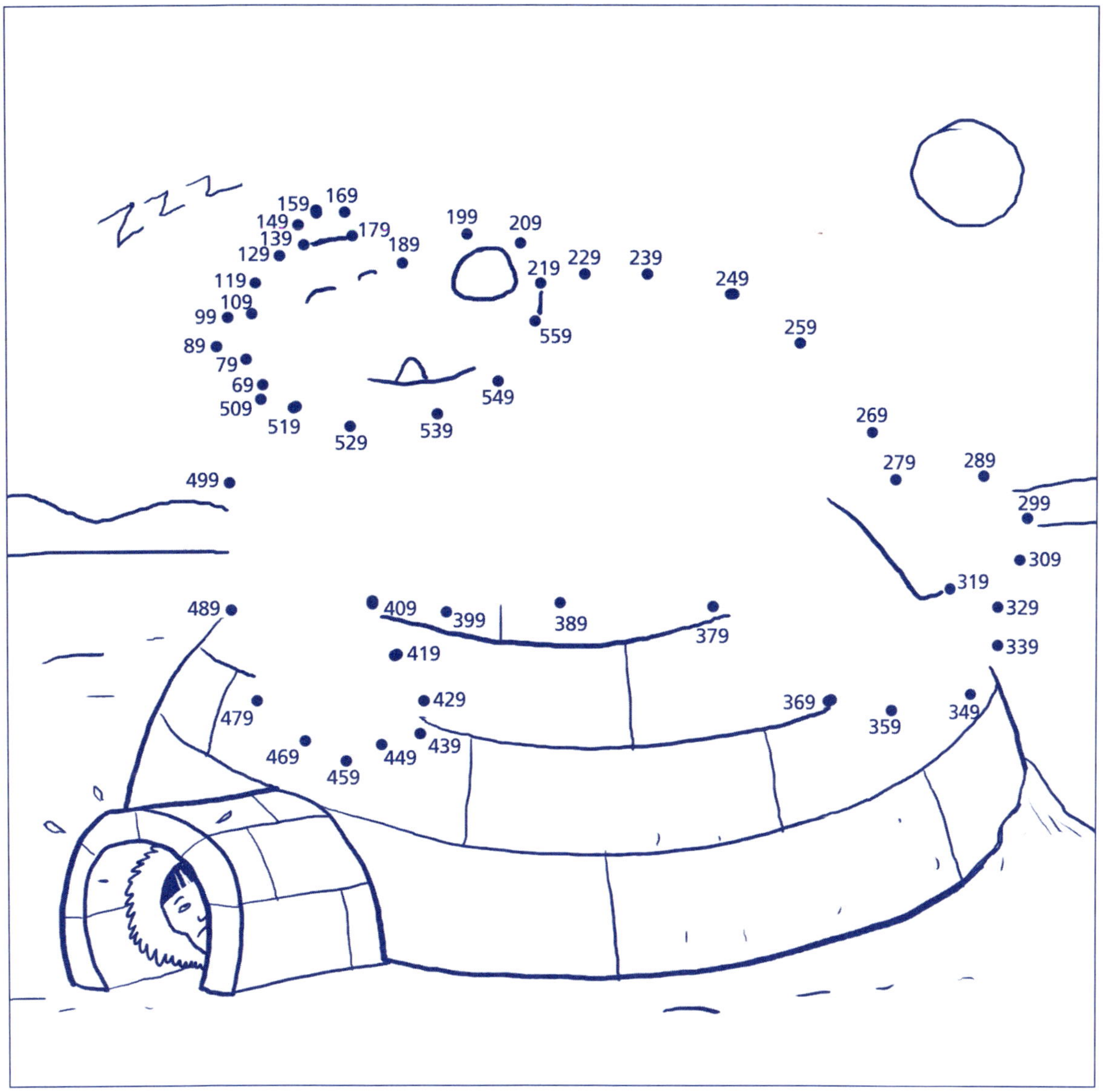

2 **Ces trois dés représentent le nombre 435.**

Écris en ordre décroissant les 6 nombres que l'on peut écrire avec les mêmes chiffres.

....

....

....

Fiche
12b

NUMÉRATION ORDINALE

Nom : ....

Date : ....

1 **Pour chaque grille de loto, colorie en jaune le nombre le plus petit, et en bleu le nombre le plus grand. Puis, entoure le plus grand de tous les nombres, et barre le plus petit.**

121		101	231
	211		112
161		229	
177	102		221

507	699		645
609		555	
	597		687
666		619	705

404			505
	440	495	
445		450	435
414			395

567		908	
	788		660
889	201	791	99
350		197	

2 **Écris le signe <, > ou = entre les nombres suivants.**

796 810

500 + 100 + 20 .... 600 + 20

400 + 5 .... 400 + 50

700 698

702 697

870 .... 700 + 98

3 **Encadre les nombres à la dizaine.**

.... < 45 < ....

.... < 80 + 11 < ....

.... < 905 < ....

.... < 600 + 50 + 4 < ....

.... < 600 + 99 < ....

.... < 500 + 40 + 9 < ....

4 **Intercale un nombre.**

701 < .... < 710

389 < .... < 405

500 + 30 < .... < 606

890 < .... < 910

6 x 10 < .... < 60 + 5

4 x 100 < .... < 400 + 5

5 **Colorie l'étiquette qui contient le nombre qui vient après 479.**

238 429 531 637 400

337 502 641 581 700

471 528 775 600 520

6 **Complète les suites.**

569 – 571 – 585

415 – 410 – 375

Addition/multiplication (1)

Autres cartes à problèmes

Découpe ces cartes à jouer et celles de la fiche 13b. Lis la règle du jeu.

1

Pour Noël, Amélie a préparé 4 paquets de 8 truffes au chocolat. Combien de truffes a-t-elle préparées ?

2

Avec le même jeu que celui sur lequel tu joues, Angéla a 11 cartes et Jules en a 5. Avec combien de cartes jouent-ils ?

3

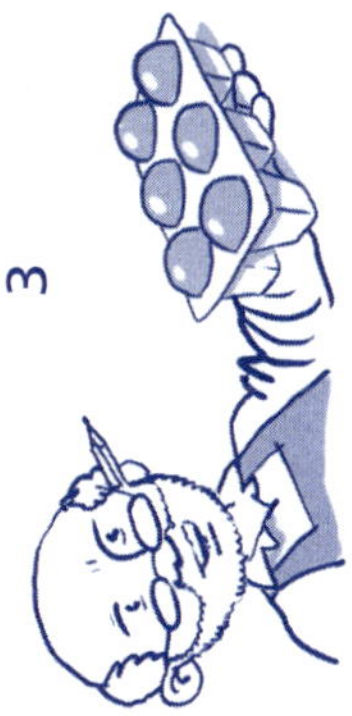

Ce matin, l'épicier a vendu une boîte de 12 œufs et une de 6 œufs. Combien d'œufs a-t-il vendus ?

4

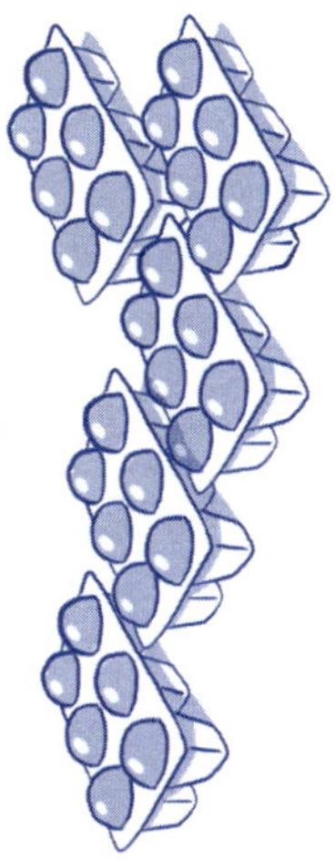

Ce matin, l'épicier a vendu 5 boîtes de 6 œufs. Combien d'œufs a-t-il vendu ?

5

Pour faire des confitures, maman a acheté 4 kg de fraises à 3 € le kg.
Combien a-t-elle payé ?

6

Pour faire des confitures, maman a acheté 4 kg de fraises et 3 kg de sucre. Combien pèse son sac ?

7

J'ai acheté 8 paquets de 6 images. Combien d'images ai-je achetées ?

8

J'avais 8 images mais Lucie m'en a gentiment donné 6. Combien d'images ai-je maintenant ?

9

C'est le premier jour des grandes vacances. 9 semaines de repos ! Combien de jours de vacances cela fait-il ?

10

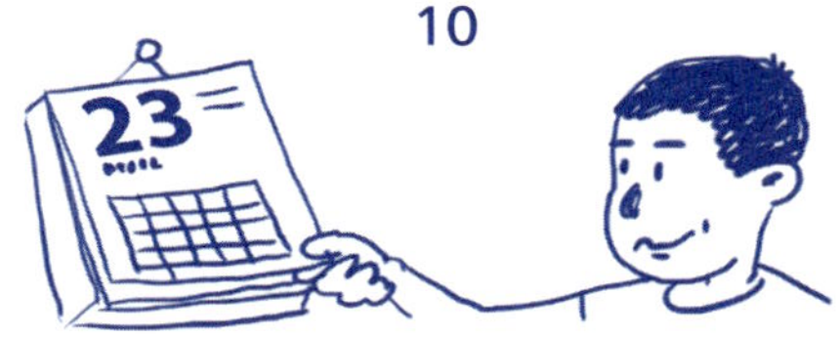

Cela fait 9 jours que Karim est en vacances et il lui reste une semaine. Combien de jours durent ses vacances ?

11

Au cinéma, Perrine a payé une place 7 € et un paquet de pop-corn 2 €.
Combien a-t-elle dépensé ?

12

Perrine a invité ses 2 frères au cinéma. La place coûte 7 €.
Combien a-t-elle dépensé ?

13

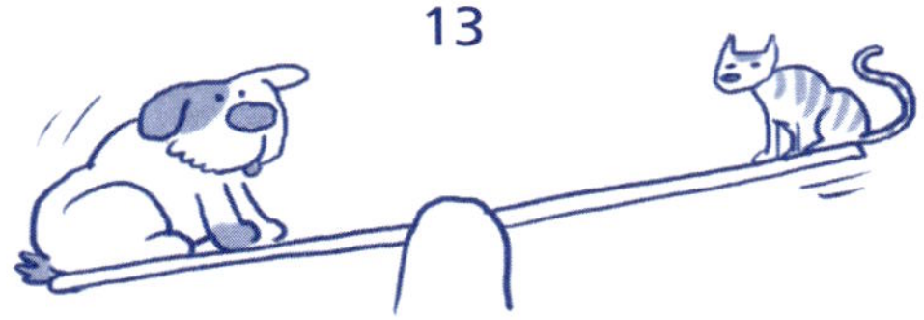

Rex, le chien de Roxanne pèse 4 kg de plus qu'Hercule son chat. Hercule pèse 3 kg. Quel est le poids de Rex ?

14

Rex, le chien de Roxane pèse 4 fois le poids d'Hercule son chat. Hercule pèse 3 kg. Quel est le poids de Rex ?

15

Léa est malade. Elle a pris 3 comprimés hier, et 4 aujourd'hui. Combien de comprimés a-t-elle pris en tout ?

16

Léa est malade. Elle doit prendre 3 comprimés chaque jour pendant une semaine. Combien de comprimés prendra-t-elle en tout ?

17

Louise a parcouru 7 km à vélo. Léo en a parcouru 5 de plus. Quelle distance a parcourue Léo ?

18

Louise a parcouru 7 km à vélo. Léo en a parcouru 5 fois plus. Quelle distance a parcourue Léo ?

Nom : ....

Date : ....

ÉVALUATION (2)

1 **Complète.**

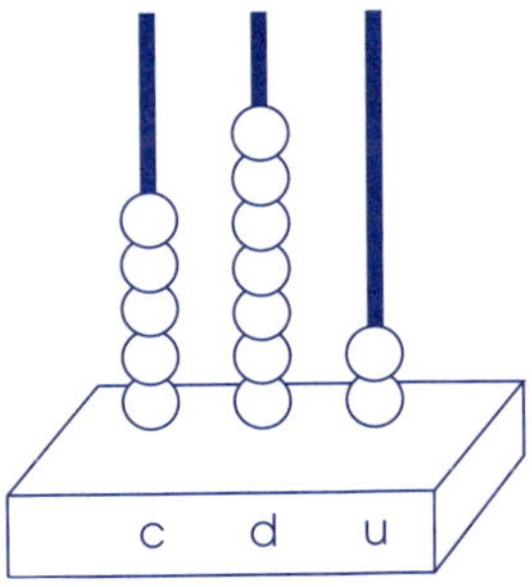	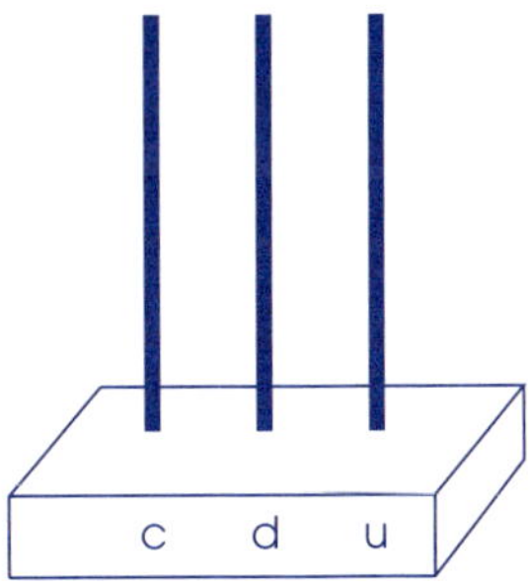	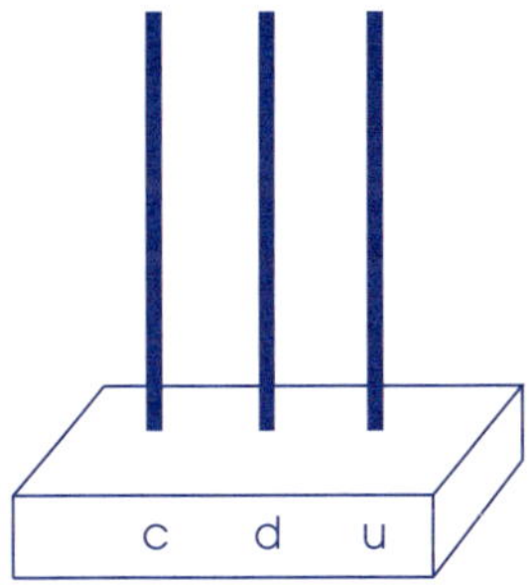
....	....	48
....	sept cent un	....

2 **Représente les nombres suivants à l'aide de dessins de plaques de 100, de barres de 10 et de carrés d'unités.** 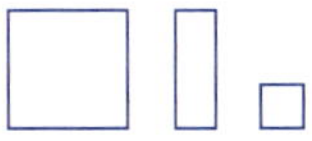

541

506

340

3 **Colorie les nombres égaux d'une même couleur. (Il y a 4 nombres différents.)**

(8 x 10) + 1 | 800 + 10 | 81 | (8 x 100) + 10

801 | 810 | 80 + 1 | (8 x 100) + 1 | 180

100 + (8 x 10) | 800 + 1 | 100 + 80

4 **a) Range les nombres suivants en ordre croissant.**

172 – 457 – 239 – 106 – 905 – 509 – 807 – 799 – 98 – 592 – 887.

....

b) Range les nombres suivants en ordre décroissant.

435 – 207 – 625 – 197 – 972 – 405 – 807 – 907 – 532 – 105 – 502.

....

Fiche 14b

ÉVALUATION

Nom : ....

Date : ....

5 Trouve le résultat de ces multiplications en utilisant ta table en cas de besoin.

5 x 7 = ...	3 x 4 = ...	5 x 9 = ...
2 x 3 = ...	5 x 2 = ...	8 x 6 = ...
3 x 6 = ...	6 x 5 = ...	7 x 2 = ...

6 Calcule ces opérations en ligne lorsque tu le peux. Sinon, pose-les en colonnes et calcule-les.

200 + 150 = ...	220 + 100 = ...	345 + 291 = ...
608 + 57 = ...	300 + 105 = ...	476 + 243 = ...
150 + 70 = ...	876 + 59 = ...	176 + 24 = ...

Écris tes calculs :

7 Calcule de tête les problèmes suivants et écris ta réponse.

a) Lucie a acheté un stylo à 6 € et un autre à 3 €. Combien a-t-elle dépensé ?

....

b) Lucie a acheté 3 stylos à 6 €. Combien a-t-elle dépensé ?

....

c) Combien de jours y a-t-il dans 4 semaines ?

....

Nom : ....

Date : ....

Technique de la soustraction

Fiche à réaliser avec ton voisin ou ta voisine.

1 **Suis les consignes pour réaliser la soustraction sans retenue, avec le matériel découpé en fiche 8a.**

1. Représente le nombre 265 comme ci-dessous.

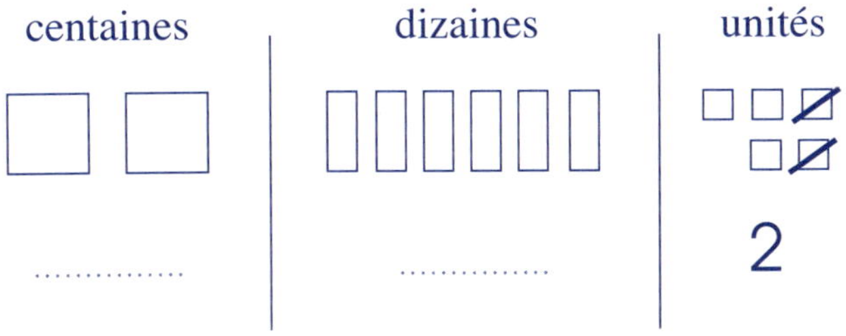


```
  265
- 142
-----
...............
```

2. Comme pour les unités, inscris le nombre de dizaines et de centaines que tu supprimes et barre-les dans la représentation du nombre 265.

3. Calcule l'opération en colonnes.

2 **Complète cette méthode pour réaliser la soustraction avec retenues en colonnes.**

a) Colonne des unités.

• Je peux calculer 5 – 8 ☐ oui ☐ non

• J'ajoute 10 unités (une dizaine) au 5 de la colonne des unités, et j'ajoute une dizaine « en retenue » au 4 de la colonne des dizaines.

• Je poursuis la soustraction pour la colonne des unités :

(10 + 5) – 8, soit 15 – 8 = ...

```
  3 .2 15
- .1 14  8
----------
..................
```

b) Colonne des dizaines.

• Je peux calculer 2 – (4 + 1), soit 2 – .... ☐ oui ☐ non

• J'ajoute 10 dizaines (une centaine) au 2 de la colonne des dizaines, et j'ajoute une centaine « en retenue » au 1 dans la colonne des

....

• Je poursuis la soustraction pour la colonne des dizaines :

(10 + 2) – (4 + 1), soit .... – .... = ...

c) Colonne des centaines.

3 – (.............. + ...), soit 3 – .... = ...

Fiche 15b

Opération technique

Nom : ....

Date : ....

Pour t'aider

◆ Effectuer une soustraction en colonnes.

Il faut bien la poser (unités sous unités, dizaines sous dizaines, etc.), puis effectuer les soustractions dans chaque colonne en commençant par celle des unités et utiliser les retenues lorsque cela est nécessaire.

```
  4 ₁1 ₁3
- ₁2 ₁5 4
  -------
  1  5 9
```

1 **Calcule ces opérations en ligne lorsque tu le peux. Sinon, pose-les en colonnes et calcule-les.**

678 – 342 = ...	720 – 300 = ...	345 – 291 = ...
608 – 57 = ...	500 – 150 = ...	765 – 643 = ...
150 – 70 = ...	76 – 29 = ...	176 – 100 = ...

Écris tes calculs :

2 **Observe.**

```
  2 ₁3 ₁1          1 1
- ₁1 ₁5 6          1 5 6
  -------        +   7 5
      7 5        -------
                   2 3 1
```

Que remarques-tu ?

....

....

....

....

....

3 **Soustrais comme dans l'exercice 2 les nombres 326 et 185, puis additionne le résultat trouvé au plus petit nombre.**

4 **Complète ces opérations. Fais attention aux signes et aux retenues.**

```
   2 5          4 3 .        1 3 8         . . .
+  . .        - . . 6      + . . .       +   7 8
 -----        -------      -------       -------
 1 1 3          2 8 5        2 8 5         2 0 0
```

Les nombres jusqu'à 9 999 (1)

Jeux de cible

Lis la règle du jeu et joue avec tes camarades.

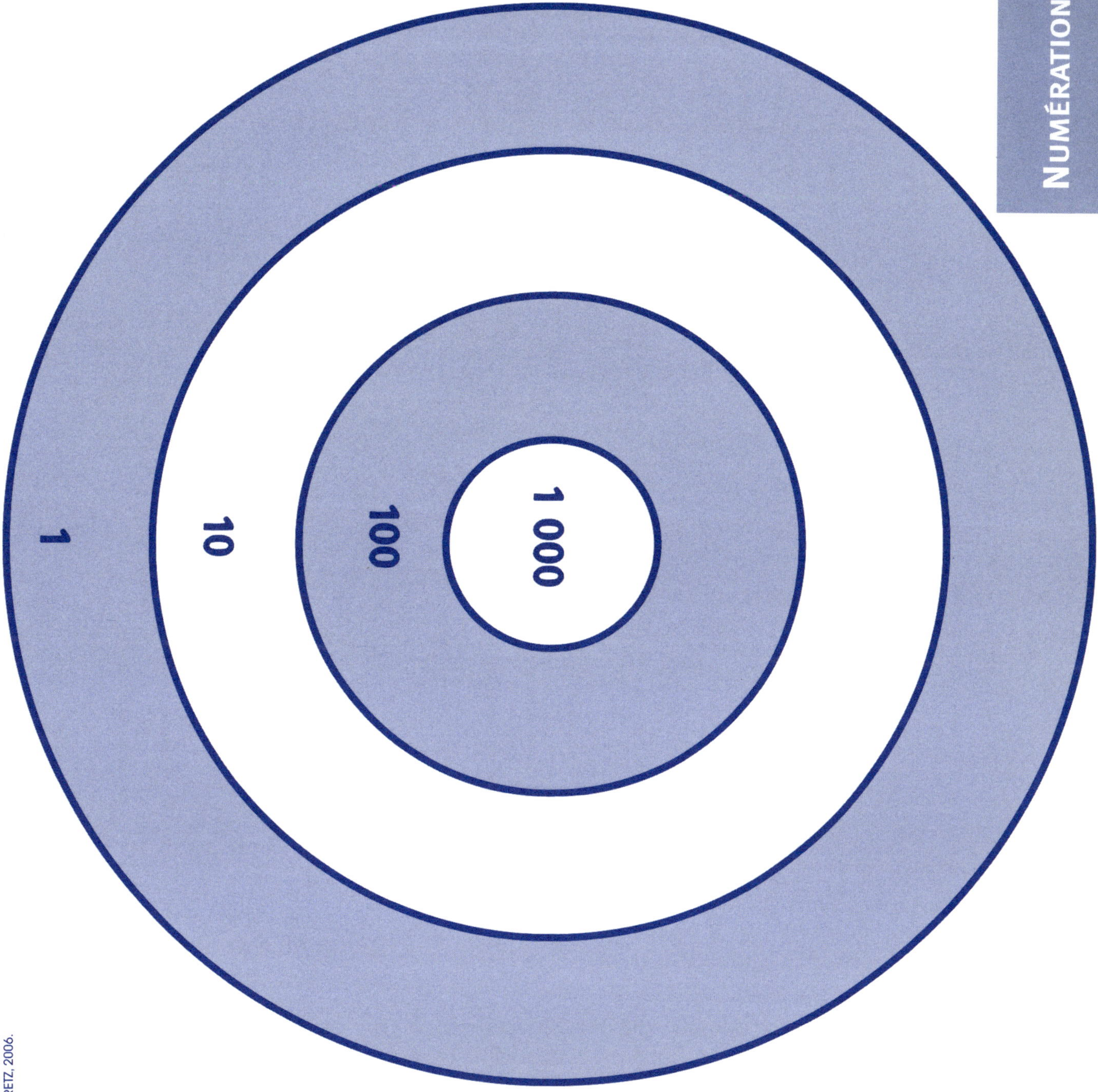

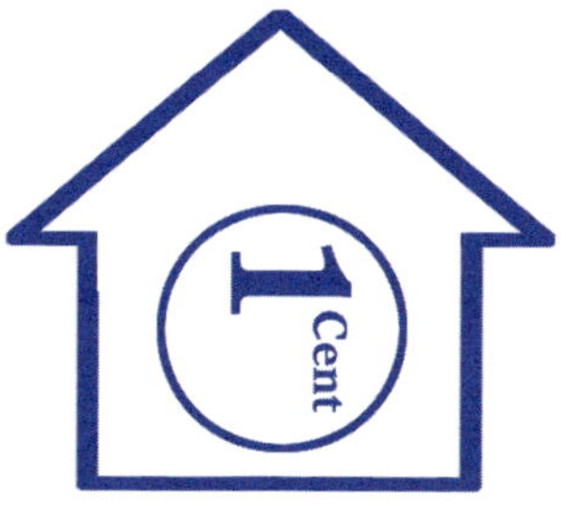

Nom : ....

Date : ....

Pour t'aider

◆ **Écrire les nombres plus grands que mille en chiffres et en lettres.**

1. 1 098 – 5 678 – 1 000

On sépare le chiffre des milliers des autres par un espace.

2. Quatre mille – Trois mille deux cents

Mille est invariable. On ne met donc jamais de « s » à mille.

1 **Observe les abaques, puis écris les nombres en chiffres et en lettres.**

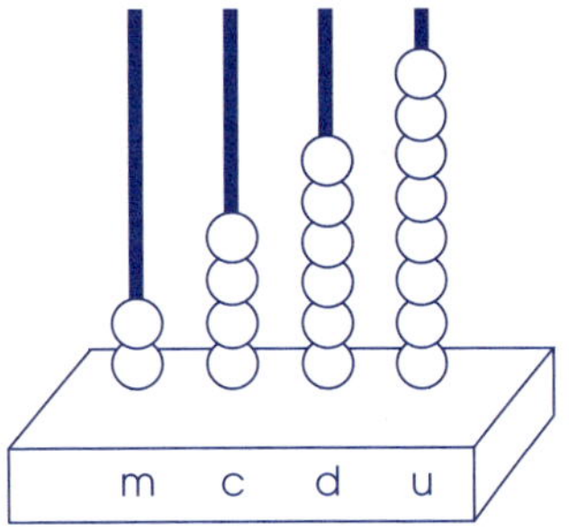

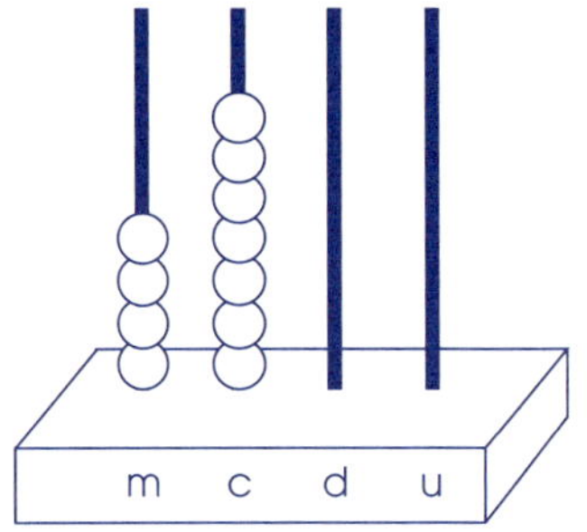

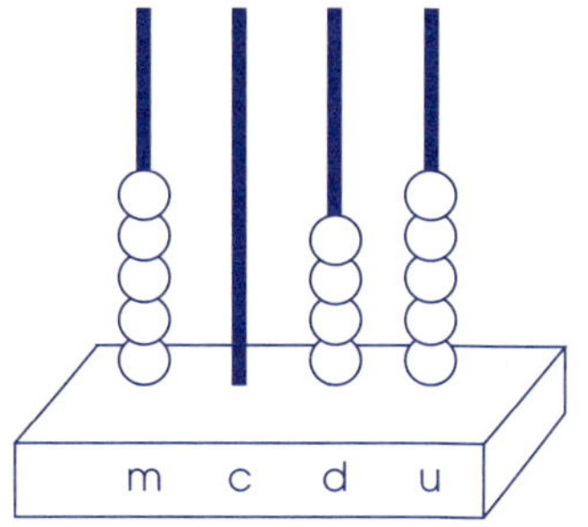

....

....

....

2 **Dessine les boules sur les abaques et écris les nombres en chiffres ou en lettres.**

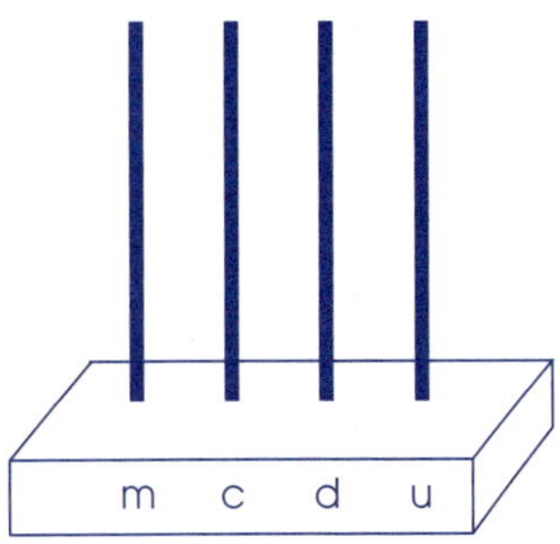

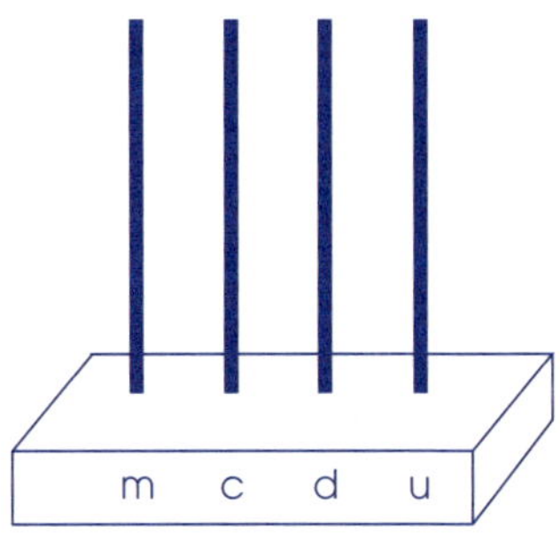

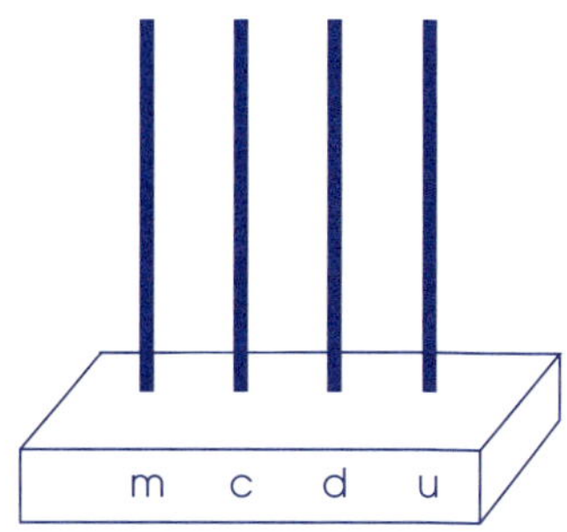

569 ....

.... mille sept six mille deux cent dix-sept

3 **Observe bien le premier boulier et le nombre qu'il représente pour comprendre comment il fonctionne. Écris les nombres représentés sous les autres bouliers.**

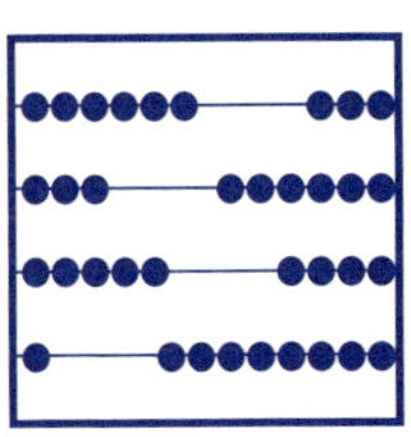

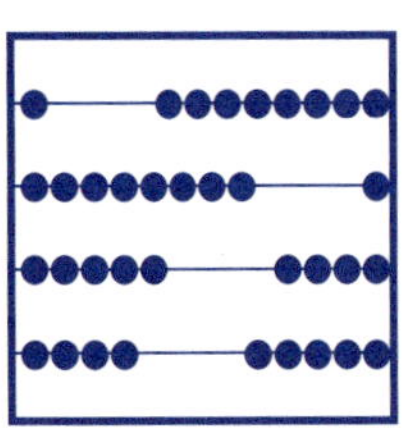

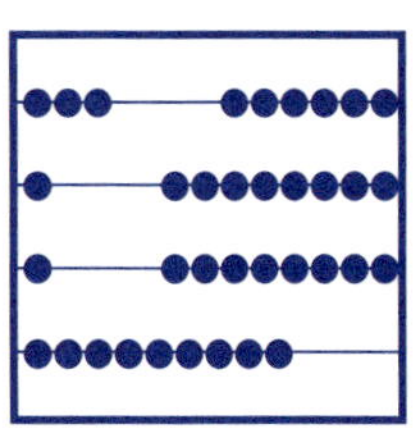

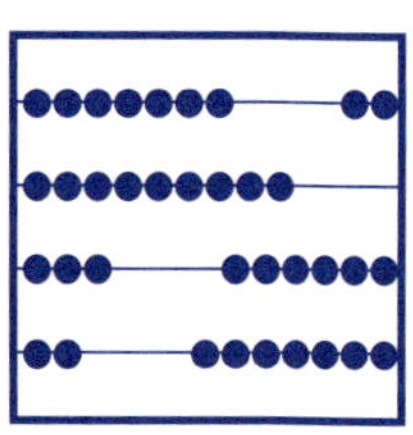

3 648 ....

LES NOMBRES JUSQU'À 9 999 (2)

Loto des comparaisons

Lis la règle du jeu et joue avec tes camarades.

2 000 < < 2 500	200 < < 500	
8 000 < < 9 000		1 000 < < 1 100
	5 000 < < 6 000	700 < < 1 000

1 000 < < 2 000	300 < < 600	
7 000 < < 8 000		500 < < 1 000
	5 000 < < 5 500	700 < < 1 000

6 657
9 852
1 473
8 004
7 560
3 987
1 080
1 603
2 045
3 245
890
7 667
567
4 891
375
5 320

Fiche 17b

NUMÉRATION ORDINALE

Nom : ....

Date : ....

1 Range les fleuves suivants par ordre de longueur croissante.

Nil : 6 671 km – Gange : 2 700 km – Danube : 2 500 km – Murray : 2 228 km – Mississippi : 6 260 km – Amazone : 6 400 km.

....

....

2 Place ces dates sur la frise historique.

1789 : Révolution française – 800 : Charlemagne couronné empereur – 1515 : bataille de Marignan – 406 : les Germains envahissent la Gaule – 1450 : Gutenberg invente l'imprimerie – 1492 : Christophe Colomb découvre l'Amérique – 1099 : Première croisade.

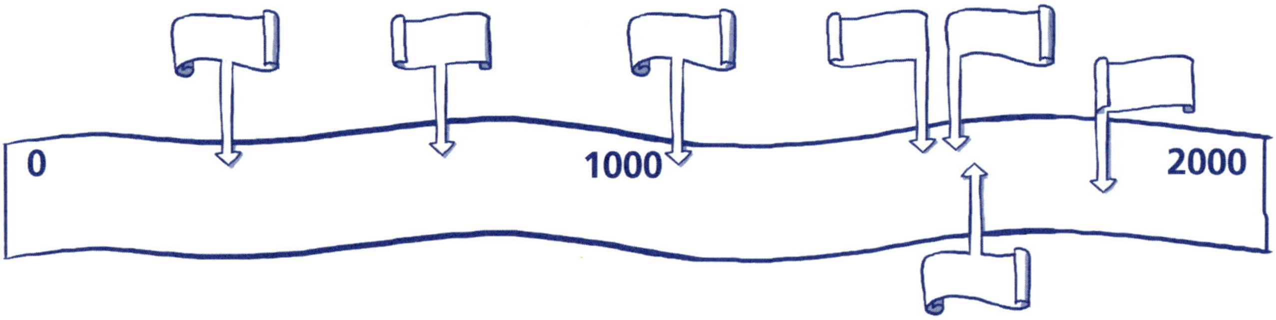

3 Encadre les nombres dans l'ordre des mille, comme dans l'exemple.

4 000 < 4 587 < 5 000

.... < 7 010 <	.... < 6 000 + 500 < ....
.... < 3 999 <	.... < 6 000 + 99 < ....

4 Intercale un nombre.

7 000 < .... < 7 100	3 890 < .... < 4 000	1 206 < .... < 1 223
5 005 < .... < 5 006	8 990 < .... < 9 100	2 100 < .... < 2 110

5 Écris le plus rapidement possible dans les étiquettes.

69 + 1 = ...	809 + 1 = ...	1 999 + 1 = ...
5 079 + 1 = ...	8 899 + 1 = ...	7 009 + 1 = ...
6 199 + 1 = ...	59 + 1 = ...	599 + 1 = ...

Nom : ....

Date : ....

Situations de division

1 Découpe les timbres qui sont au bas de la page.

2 Placez-vous par 4 et regroupez tous vos timbres. Mettez en place ces 2 situations.

Situation 1

Distribuez-vous l'ensemble des timbres de façon à ce que chacun en ait le même nombre.

Dessine la situation et complète :

Nous avons partagé ....

timbres entre .... élèves.

Chacun a eu .... timbres

et il en reste ....

32 : .... = ... (reste : ....)

Situation 2

Un élève distribue l'ensemble des timbres aux trois autres de façon à ce que chacun en ait le même nombre.

Dessine la situation et complète :

Nous avons partagé ....

timbres entre ....élèves.

Chacun a eu ....timbres

et il en reste ....

32 : .... = ... (reste : ....)

3 Observez votre table de multiplication (fiche 9). Auriez-vous pu trouver les résultats des deux divisions ?

....

....

Nom : ....

Date : ....

1 Résous le problème suivant.

Julien a ramassé des fraises qu'il partage avec son copain et sa copine de façon à ce que chacun en ait le même nombre.
Combien de fraises chacun aura-t-il ? Combien de fraises restera-t-il ?

Solution : ....

Écris l'opération qui permet de calculer la réponse que tu as trouvée : ....

2 Dessine pour résoudre le problème suivant.

Depuis une semaine, Lionel a dû prendre chaque jour le même nombre de comprimés car il est malade. En tout, il en a avalé 21.
Combien de comprimés a-t-il pris chaque jour ?

Solution : ....

....

Opération : ....

3 Utilise ta table de multiplication pour répondre aux deux problèmes suivants.

a) Après la naissance de son petit frère, Amélie a partagé 24 dragées entre ses 3 copines.
Combien chacune en a-t-elle reçu ?

Solution : ....

....

Opération : ....

b) Luc distribue les 24 billes qu'il possède entre lui et ses 3 copains pour que chacun en ait autant.
Combien chacun en aura-t-il ?

Solution : ....

....

Opération : ....

Nom : ....

Date : ....

UTILISER LA CALCULETTE

1 Observe ta calculette et retrouve les touches dessinées ici.

Selon les calculettes, tu peux aussi trouver la touche OFF qui sert à l'éteindre.

Il existe d'autres touches que tu utiliseras les prochaines années :

2 Effectue les essais demandés et réponds aux questions.

a) Fais afficher le nombre 1 978.
Dans quel ordre faut-il taper les chiffres ? ....

b) Tape maintenant la touche ON/C.
Que remarques-tu ? ....

3 Apprends à effectuer les 4 opérations.

a) L'addition.
Exemple : 545 + 1 567 = ?

1. Tape le premier nombre.
2. Appuie sur la touche +.
3. Tape le second nombre.
4. Appuie sur la touche =.

Si tu ne t'es pas trompé, le résultat 2 112 s'affiche.

À TOI ! Trouve le résultat des additions suivantes.

6 598 + 45 = ...

267 + 3 547 = ...

3 050 + 2 607 = ...

Nom : ....

Date : ....

Désormais, rédige toi-même les consignes, en prenant exemple sur l'addition.

b) La soustraction.
Exemple : 2 346 – 1 678 = ?

1. ....
2. ....
3. ....
4. ....

Si tu ne t'es pas trompé, le résultat 668 s'affiche.

Inverse l'ordre des nombres. Que se passe-t-il ?

....

À TOI ! Trouve le résultat des soustractions suivantes.

6 598 – 45 = ...

3 547 – 267 = ...

3 050 – 2 607 = ...

c) La multiplication.
Exemple : 256 x 14 = ?

1. ....
2. ....
3. ....
4. ....

Si tu ne t'es pas trompé, le résultat 3 584 s'affiche.

À TOI ! Trouve le résultat des multiplications suivantes.

598 x 9 = ...

267 x 13 = ...

305 x 26 = ...

d) La division.
Exemple : 545 : 5 = ?

1. ....
2. ....
3. ....
4. ....

Si tu ne t'es pas trompé, le résultat 109 s'affiche.

À TOI ! Trouve le résultat des divisions suivantes.

369 : 9 = ...

267 : 3 = ...

1 512 : 24 = ...

Divise 20 par 3. Que se passe-t-il ?

....

Remarque : avec la calculette, tu ne connais pas le reste d'une division.

Nom : ....

Date : ....

TECHNIQUE DE LA MULTIPLICATION (1)

Fiche à réaliser avec ton voisin ou ta voisine.

Tu vas effectuer l'opération « 245 x 3 » de différentes façons.

1 Utilise le matériel découpé en fiche 8a pour trouver le résultat de l'opération. Dessine la représentation du nombre obtenu, explique comment tu as procédé et quels échanges entre unités, dizaines et centaines tu as dû effectuer.

Nombre trouvé :

....

....

....

2 Procède par décomposition et complète.

245 = 200 + ... + 5

245 x 3 = (200 x ....) + ... + ...

245 x 3 = 600 + ... + ...

245 x 3 = ...

3 Effectue la multiplication posée en colonnes. Attention aux retenues !

```
  245
x   3
-----
.....
```

4 Vérifie que tes trois résultats sont identiques, puis effectue la multiplication avec ta calculette pour t'assurer du bon résultat.

5 Calcule par décomposition, puis effectue l'opération posée en colonnes. Vérifie de 2 façons.

123 x 5 = (100 x ....) + ... + ...

123 x 5 = ... + ... + ...

123 x 5 = ...

```
  123
x   5
-----
.....
```

Fiche 20b

OPÉRATION TECHNIQUE

Nom : ....

Date : ....

POUR T'AIDER

◆ Calculer une multiplication à un chiffre au multiplicateur.

Il faut poser le multiplicateur sous le chiffre des unités du multiplicande, puis multiplier chaque chiffre du multiplicande par le multiplicateur en commençant par celui des unités, sans oublier les retenues.

```
  1 2
  1 4 6  ←—— Multiplicande
x     4  ←—— Multiplicateur
-------
  5 8 4  ←—— Produit (résultat)
```

1 Calcule les multiplications en ligne lorsque tu le peux. Sinon, pose-les en colonnes et calcule-les (en cas de besoin, tu peux t'aider de la table de la fiche 9).

200 x 3 = ...	335 x 6 = ...	167 x 8 = ...
668 x 5 = ...	1 000 x 7 = ...	765 x 4 = ...

Écris tes calculs :

2 Transforme ces additions en multiplications et calcule-les.

456 + 456 + 456 + 456 + 456 = ...

32 + 32 + 32 + 32 + 32 + 32 + 32 + 32 = ...

75 + 75 + 75 + 75 = ...

2 343 + 2 343 = ...

Écris tes calculs :

3 Complète ces multiplications.

```
  1
  . 5 .
x     3
-------
1 3 . 6
```

```
  1 1
  . . .
x     2
-------
  7 1 6
```

```
    1
  . 0 3
x     .
-------
3 0 1 8
```

Nom : ....

Date : ....

ÉVALUATION (3)

1 **Calcule les opérations en ligne lorsque tu le peux. Sinon, pose-les en colonnes et calcule-les.**

307 – 271 = ...	1 235 – 676 = ...	350 – 200 = ...
572 – 81 = ...	750 – 500 = ...	658 – 347 = ...

Écris tes calculs :

2 **Indique le nombre représenté sur chaque cible.**

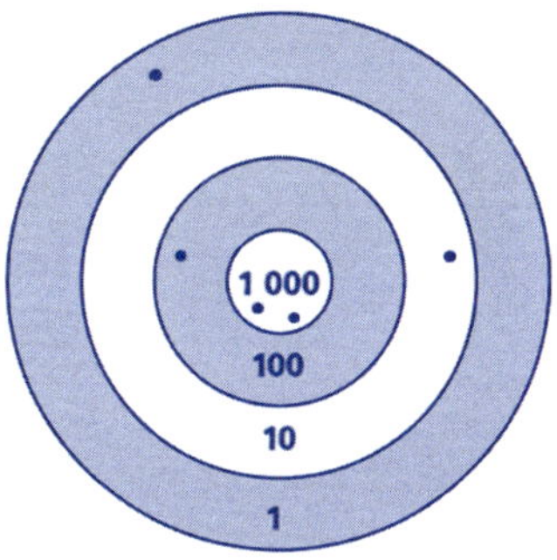

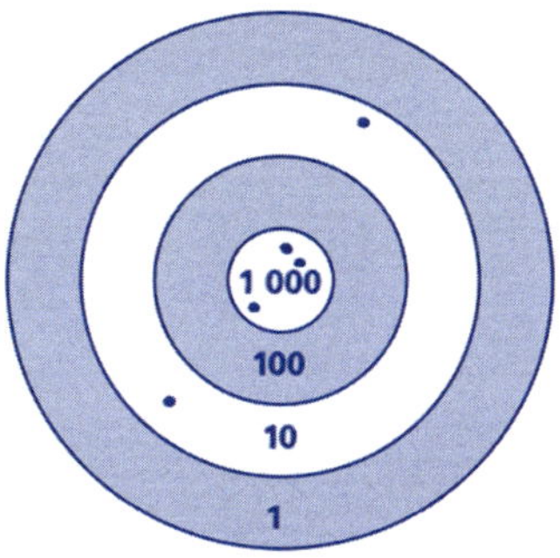

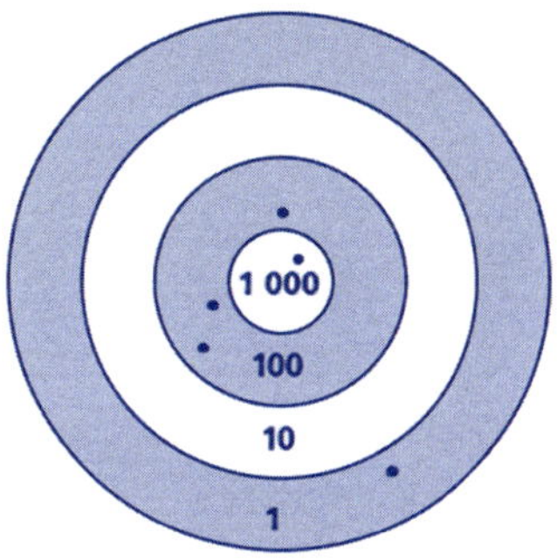

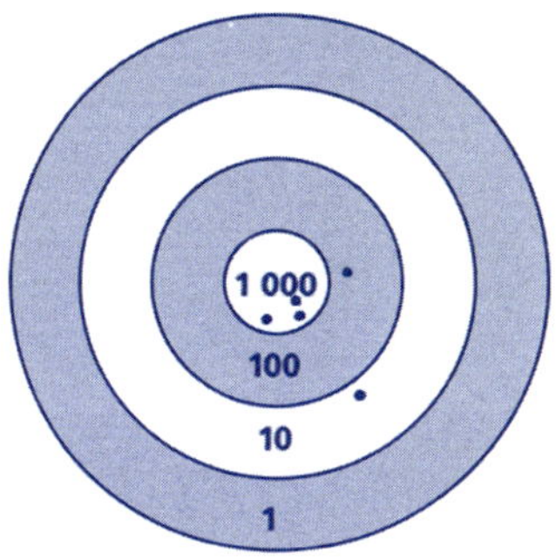

....

3 **Complète.**

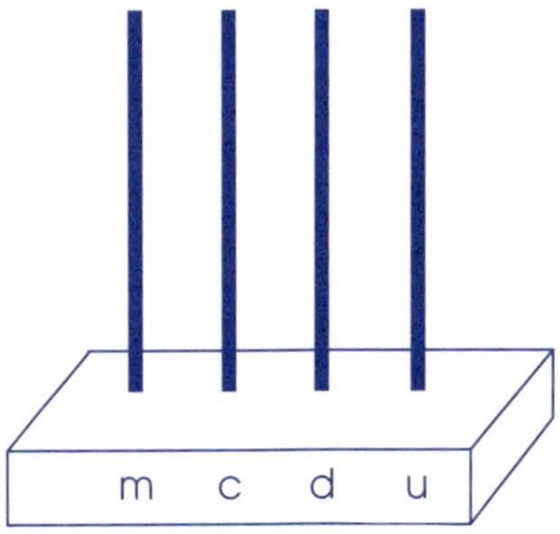

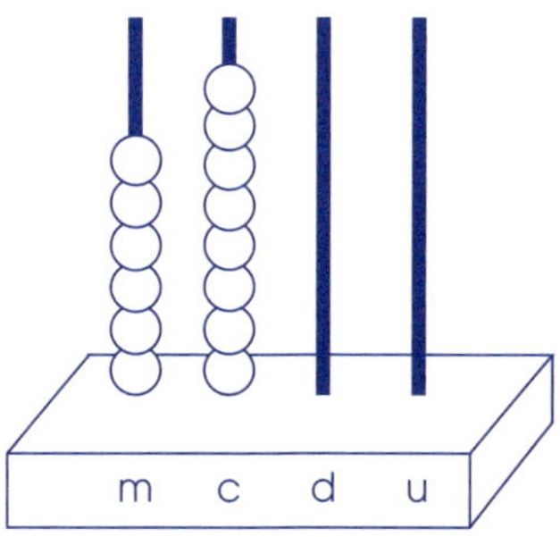

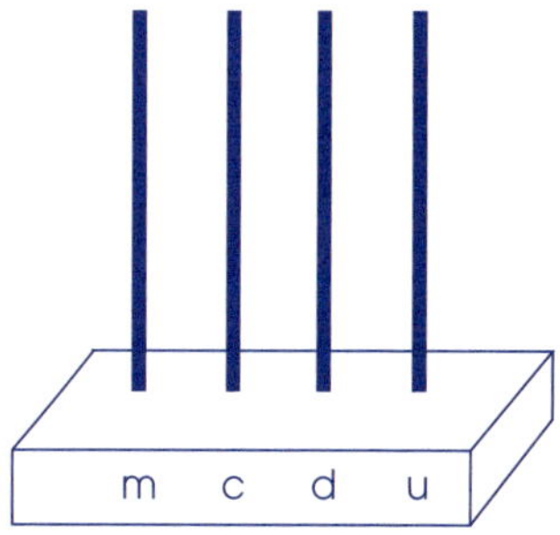

3 572	....	....
....	....	quatre mille cinquante-sept

Fiche 21b

ÉVALUATION

Nom : ....

Date : ....

4 **Range dans l'ordre décroissant les hauteurs de ces sommets montagneux.**

Mont Blanc (France) : 4 808 m – Kilimandjaro (Afrique) : 5 895 m – Aconcagua (Amérique du Sud) : 6 959 m – Mont Kosciuszk (Australie) : 2 228 m – Massif Winson (Antarctique) : 4 897 m – Mont Mac Kinley (Amérique du Nord) : 6 194 m – Elbrouz (Europe) : 5 642 m – Pyramide Carstensz (Océanie) : 4 884 m.

....

....

5 **Dessine pour résoudre le problème.**

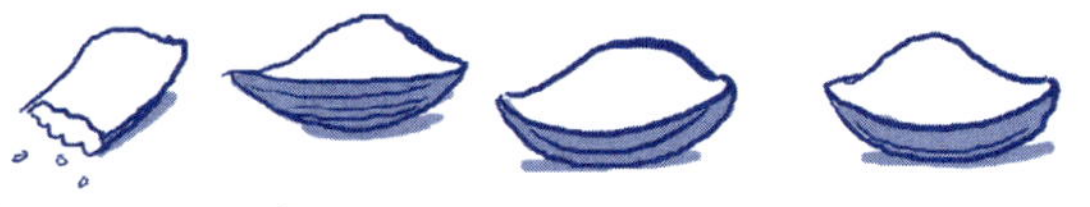

Pour le goûter, maman partage un paquet de 20 madeleines entre ses trois enfants de façon à ce que chacun en ait le même nombre. Combien chacun en reçoit-il ? Combien en reste-t-il ?

Solution : ....

....

Opération : ....

....

6 **Effectue les opérations suivantes avec ta calculatrice.**

4 573 + 546 = ...

6 172 – 987 = ...

342 x 26 = ...

174 : 6 = ...

7 **Calcule ces opérations en les posant en colonnes. Si besoin, tu peux t'aider d'une table de multiplication.**

67 x 5 = ...

210 x 7 = ...

876 x 4 = ...

Écris tes calculs :

Mémory des tables

Découpe les cartes et complète-les selon la table étudiée. Lis la règle du jeu.

Nom : ....

Date : ....

TABLES DE MULTIPLICATION PAR 2 ET PAR 5

1 Observe bien ton jeu de Mémory pour la table de multiplication par 2. Écris ici les deux éléments de la table qui manquent.

.... x .... = ... x .... = ...

2 Complète le plus rapidement possible.

2 x 2 = ...	2 x 3 = ...	2 x .... = 18	2 x 1 = ...
2 x .... = 10	2 x .... = 4	2 x .... = 6	2 x 10 = ...
2 x 6 = ...	2 x 5 = ...	2 x 4 = ...	2 x .... = 12
2 x 7 = ...	2 x 9 = ...	2 x 8 = ...	2 x .... = 16
2 x .... = 8	2 x .... = 2	2 x .... = 20	2 x .... = 14

3 Observe bien ton jeu de Mémory pour la table de multiplication par 5. Écris ici les deux éléments de la table qui manquent.

.... x .... = ... x .... = ...

4 Complète le plus rapidement possible.

5 x 3 = ...	5 x 2 = ...	5 x .... = 10	5 x .... = 40
5 x 6 = ...	5 x 5 = ...	5 x 9 = ...	5 x 7 = ...
5 x .... = 45	5 x .... = 25	5 x 1 = ...	5 x .... = 15
5 x 8 = ...	5 x .... = 50	5 x .... = 30	5 x 10 = ...
5 x .... = 20	5 x .... = 35	5 x 4 = ...	5 x .... = 5

5 Décore le sapin en coloriant :

- en jaune, les boules qui ont à la fois un multiple de 5 et de 2 ;
- en vert, les boules qui contiennent un multiple de 2 ;
- en bleu, les boules qui contiennent un multiple de 5 ;
- en rouge, les autres.

6 Observe ton sapin et complète les phrases.

Les multiples de 2 sont des nombres ....

Les multiples de 5 se terminent par ....

Nom : ....

Date : ....

Tables de multiplication par 3 et par 4

1 **Observe bien ton jeu de Mémory pour la table de multiplication par 3. Écris deux éléments de la table qui manquent.**

.... x .... = ... x .... = ...

2 **Pour chaque grille de loto, colorie en jaune les multiples de 3.**

1		13	9
	6		11
4		19	
23	13		18

25	12		32
24		27	
	26		21
29		14	22

30		10	
	7		15
2	3	8	16
5		31	

3 **Complète le plus rapidement possible.**

3 x 2 = ...
3 x .... = 15
3 x 6 = ...
3 x 7 = ...
3 x .... = 12

3 x 3 = ...
3 x .... = 6
3 x 5 = ...
3 x 9 = ...
3 x .... = 3

3 x .... = 27
3 x .... = 9
3 x 4 = ...
3 x 8 = ...
3 x .... = 30

3 x 1 = ...
3 x 10 = ...
3 x .... = 18
3 x .... = 24
3 x .... = 21

4 **Calcule les opérations suivantes.**

```
  157        261       1378
x   3      x   3     x    3
-----      -----     ------
.....      .....     ......
```

5 **Observe bien ton jeu de Mémory pour la table de multiplication par 4. Écris deux éléments de la table qui manquent.**

.... x .... = ... x .... = ...

Nom : ....

Date : ....

6 **Colorie en bleu les boules de loto qui contiennent un multiple de 4.**

7 **Complète le plus rapidement possible.**

4 x 2 = ...	4 x 3 = ...	4 x .... = 36	4 x 1 = ...
4 x .... = 20	4 x .... = 8	4 x .... = 12	4 x 10 = ...
4 x 6 = ...	4 x 5 = ...	4 x 4 = ...	4 x .... = 24
4 x 7 = ...	4 x 9 = ...	4 x 8 = ...	4 x .... = 32
4 x .... = 16	4 x .... = 4	4 x .... = 40	4 x .... = 28

8 **Calcule les opérations suivantes.**

$$\begin{array}{r} 265 \\ \times \quad 4 \\ \hline \ldots\ldots \end{array} \qquad \begin{array}{r} 407 \\ \times \quad 4 \\ \hline \ldots\ldots \end{array} \qquad \begin{array}{r} 2\,138 \\ \times \quad 4 \\ \hline \ldots\ldots \end{array}$$

9 **Colorie en vert foncé les multiples de 3 et de 4, en bleu les multiples de 3, en orange les multiples de 4, en vert clair les autres nombres.**

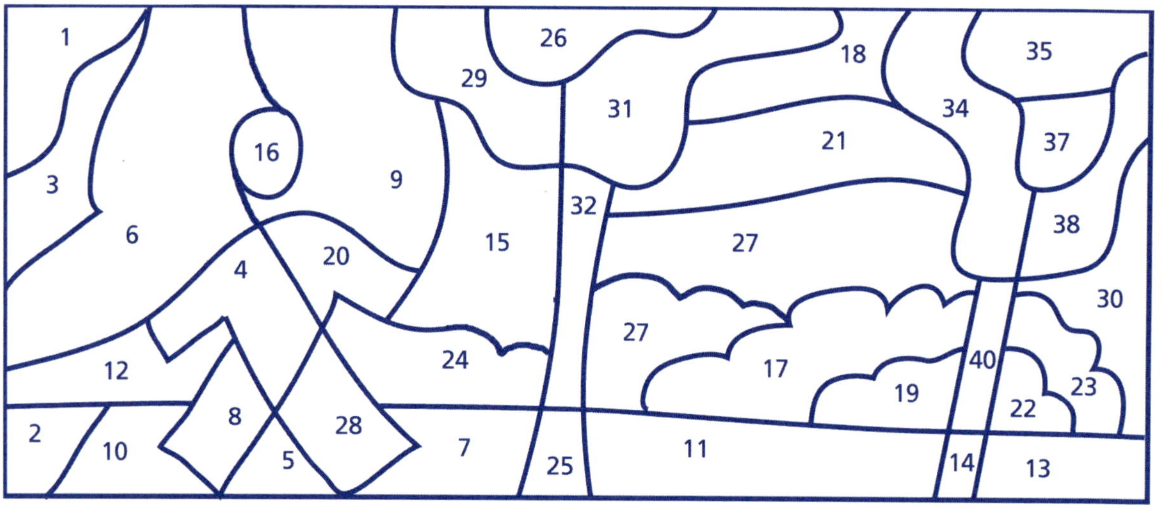

Nom : ....

Date : ....

LES NOMBRES JUSQU'À 9 999 (3)

Choisis 3 nombres compris entre 1 000 et 9 999. Écris-les de 3 façons dans les avions, comme sur l'exemple. Place ensuite tes avions dans l'espace aérien prévu par ton enseignant. Attention ! Tu dois bien repérer la hauteur à laquelle ils doivent se situer par rapport aux autres avions.

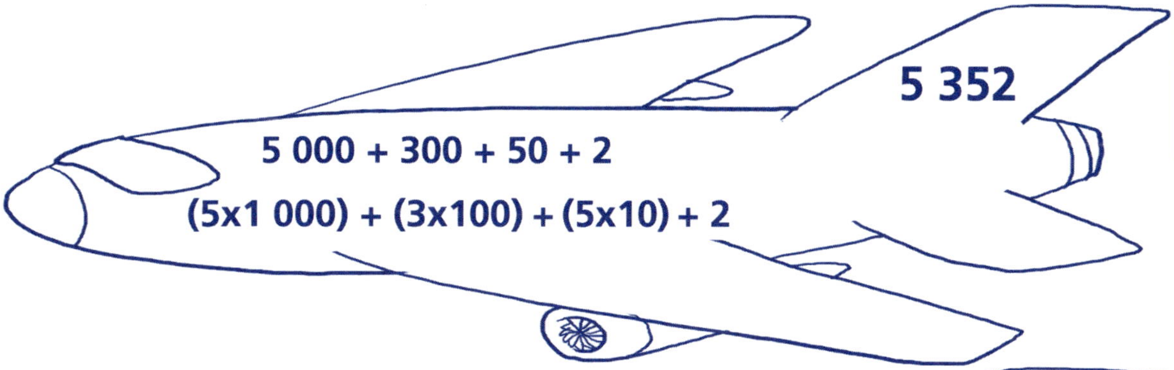

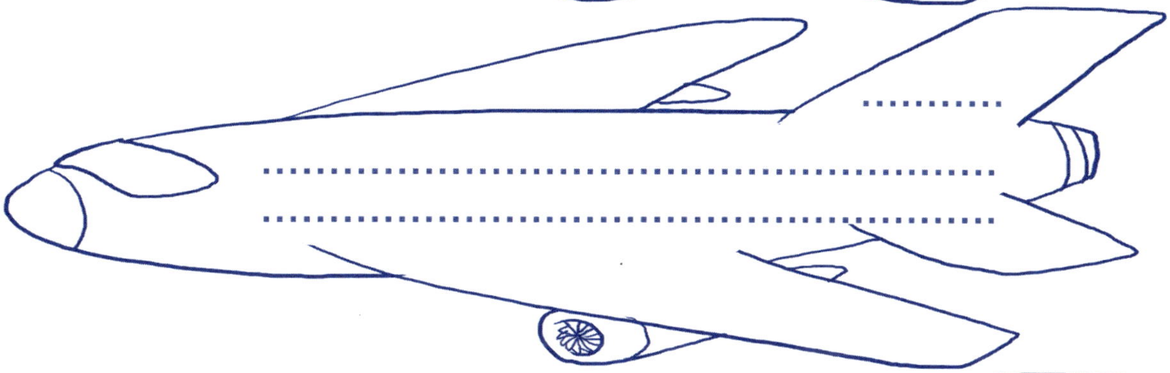

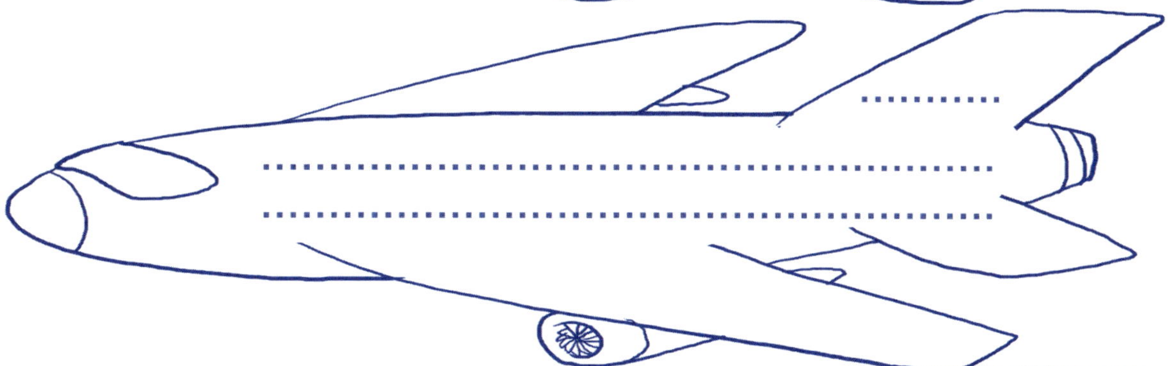

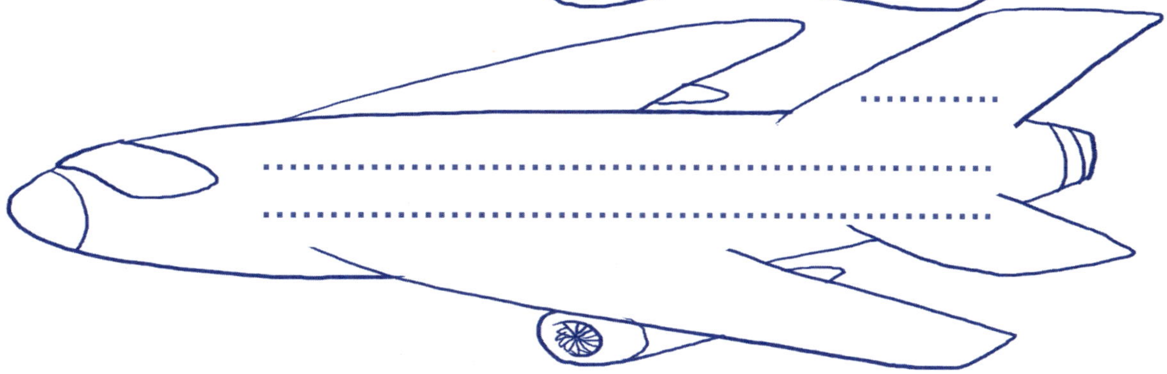

Nom : ....

Date : ....

1 Décompose les nombres comme dans l'exemple.

3 765 = 3 000 + 700 + 60 + 5

6 067 = ...

8 808 = ...

5 500 = ...

9 009 = ...

2 Colorie les nombres égaux d'une même couleur. (Il y a 4 nombres différents.)

7 700 | (7 x 1 000) + (7 x 100) | 770 | (7 x 1 000) + 7 | 7 000 + 7 | 7 070 | 7 000 + 70 | 700 + 70 | 7 007 | (7 x 1 000) + (7 x 10) | (7 x 100) + (7 x 10) | 7 000 + 700

3 Remplis la grille de nombres croisés.

Horizontalement :

1. Un millier, quatre centaines et sept unités.
2. Deux dizaines. – Six dizaines et une unité.
3. Neuf mille trois cent cinquante.
4. Une centaine et sept dizaines.
5. Dix dizaines. – Zéro.

Verticalement :

A. Une douzaine. – L'unité.
B. Quatre centaines et neuf unités. – Ajoute-moi à ce nombre et il restera pareil.
C. Ôte une unité à une unité. – Trois centaines et une dizaine.
D. Sept mille six cent cinquante-sept.
E. Dix centaines.

	A	B	C	D	E
1					■
2			■		
3	■				
4	■	■			
5				■	

Nom : ....

Date : ....

Fiche 25a

OPÉRATION TECHNIQUE

TECHNIQUE DE LA MULTIPLICATION (2)

Fiche à réaliser avec ton voisin ou ta voisine.

1 Calcule de tête les multiplications suivantes.

8 x 10 = ... | 5 x 10 = ... | 3 x 10 = ...

4 x 10 = ... | 6 x 10 = ... | 7 x 10 = ...

Que remarques-tu ?

....

2 Calcule de tête ou en t'aidant de ta calculatrice.

12 x 10 = ... | 25 x 10 = ... | 246 x 10 = ...

537 x 10 = ... | 78 x 10 = ... | 971 x 10 = ...

Que remarques-tu ?

....

3 Décompose et calcule. Vérifie avec ta calculatrice.

43 x 20 = 43 x 2 x 10 = ... | 64 x 30 = 64 x .... x 10 = ...

123 x 30 = 123 x .... x .... = ... | 421 x 20 = ... x .... x .... = ...

Que remarques-tu ?

....

4 Complète pour calculer l'opération 343 x 25.

Par étapes

343 x 25 = 343 x (20 + ...) = (343 x ....) + (343 x 5)

```
  343            343           343
x  20          x  25         x   5
-----          ------        ------
[    ]  --->   [    ]  <---  [    ]
             + [    ]
             ------
               [    ]
```

Directement

```
     343
  x   25
  ------
   1 715
+ .......0
  ------
  ........
```

Fiche 25b

OPÉRATION TECHNIQUE

Nom : ....

Date : ....

POUR T'AIDER

◆ Multiplier un nombre par un multiplicateur à deux chiffres.

Tu peux effectuer le calcul par étapes ou le faire directement.

Par étapes

174 x 32 = (174 x 30) + (174 x 2)

```
  174
x  30
-----
5 220  ──→     174         174
             x  32       x   2
             -----       -----
               348  ←──    348
           + 5 220
           -------
             5 568
```

Directement

```
    174
  x  32
  -----
    348
+ 5 220  ←── N'oublie pas le 0 des dizaines.
-------
  5 568
```

1 Calcule par étapes les deux multiplications suivantes. Vérifie tes résultats avec ta calculatrice.

185 x 23 = ...

276 x 35 = ...

Écris tes calculs :

2 Pose et calcule directement les 3 multiplications suivantes. Vérifie tes résultats avec ta calculatrice.

92 x 15 = ... | 139 x 22 = ... | 205 x 43 = ...

Écris tes calculs :

Nom : ....

Date : ....

TABLES DE MULTIPLICATION PAR 6 ET PAR 7

1 Prépare ton jeu de Mémory pour la table de multiplication par 6.
Écris ici les deux éléments de la table qui manquent.

.... x .... = ... x .... = ...

2 Colorie en bleu les escargots qui contiennent un multiple de 6.

3 Complète le plus rapidement possible.

6 x 2 = ...	6 x 3 = ...	6 x .... = 42	6 x 1 = ...
6 x .... = 36	6 x .... = 24	6 x .... = 18	6 x 10 = ...
6 x 5 = ...	6 x 6 = ...	6 x 4 = ...	6 x .... = 30
6 x 7 = ...	6 x 8 = ...	6 x 9 = ...	6 x .... = 60
6 x .... = 12	6 x .... = 54	6 x .... = 6	6 x .... = 48

4 Calcule les opérations suivantes.

271	534	986
x 6	x 6	x 6

5 Prépare ton jeu de Mémory pour la table de multiplication par 7.
Écris ici les deux éléments de la table qui manquent.

.... x .... = ... x .... = ...

Nom : ....

Date : ....

6 **Colorie les étoiles qui contiennent un multiple de 7.**

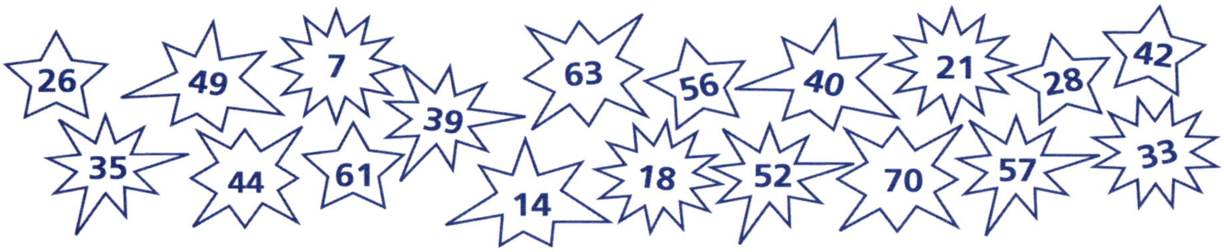

7 **Complète le plus rapidement possible.**

7 x 2 = ...	7 x 3 = ...	7 x .... = 21	7 x 1 = ...
7 x .... = 49	7 x .... = 14	7 x .... = 70	7 x 10 = ...
7 x 6 = ...	7 x 5 = ...	7 x 4 = ...	7 x .... = 35
7 x 7 = ...	7 x 9 = ...	7 x 8 = ...	7 x .... = 63
7 x .... = 56	7 x .... = 28	7 x .... = 42	7 x .... = 7

8 **Calcule les opérations suivantes.**

35	23	18	69
x 76	x 67	x 76	x 67

9 **Colorie en rouge le multiple de 6 et de 7, en bleu foncé les multiples de 6, en jaune les multiples de 7, en bleu clair les autres nombres.**

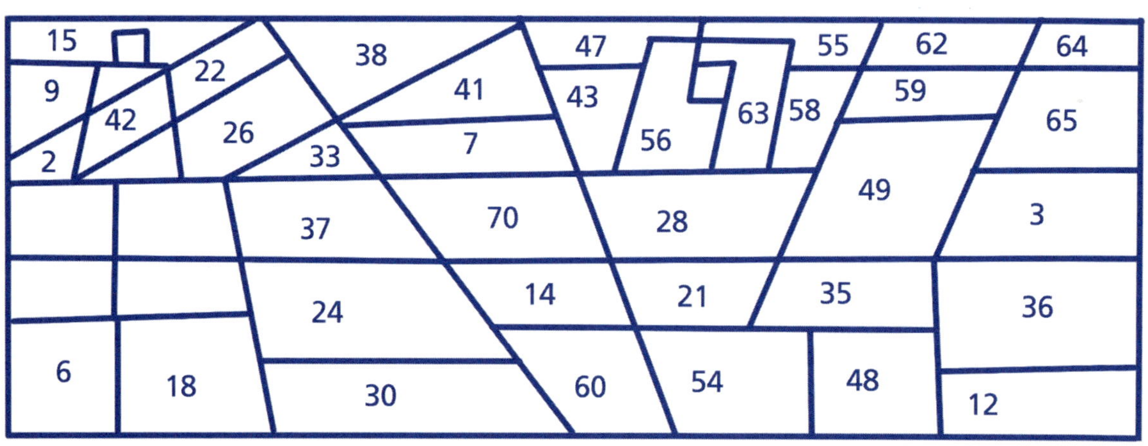

Nom : ....

Date : ....

LES NOMBRES JUSQU'À 9 999 (4)

1 **Relie les nombres dans l'ordre croissant pour découvrir le dessin. Colorie-le.**

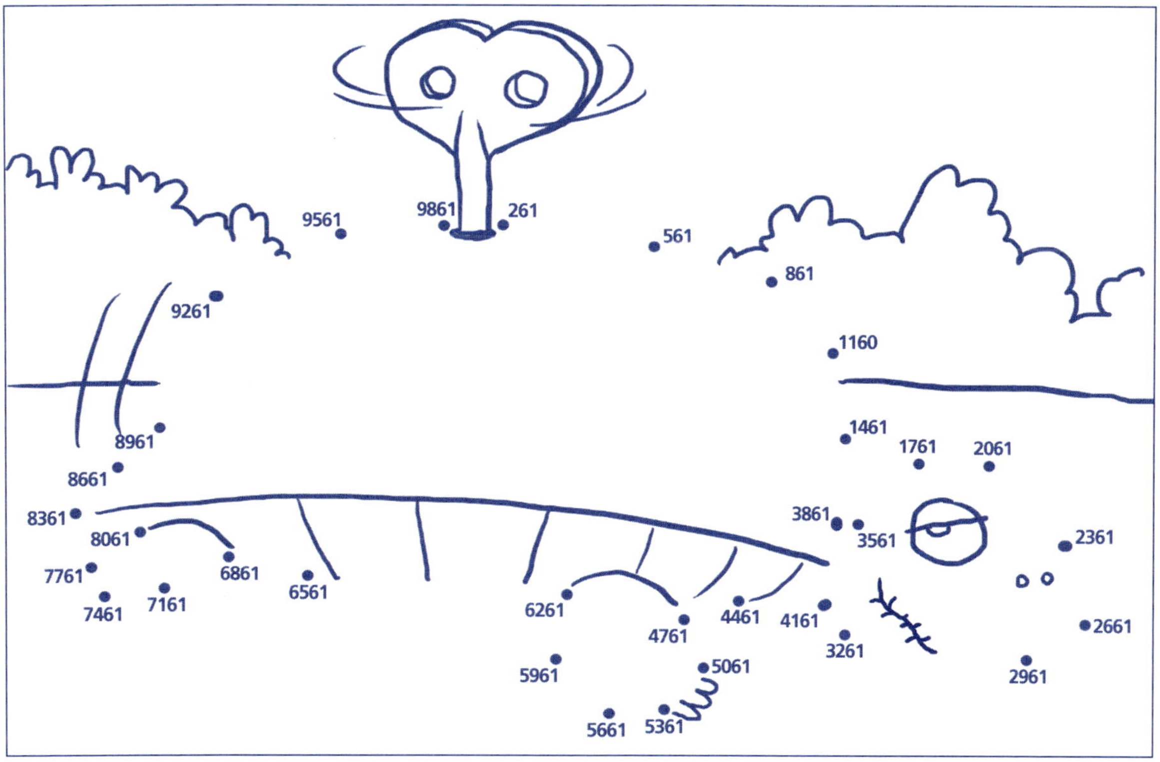

2 **Observe les nombres du dessin. Que remarques-tu ?**

....

3 **Poursuis les séries.**

2 568 – 3 568 – .... – 8 568

5 189 – 5 389 – .... – 6 389

2 775 – 2 825 – .... – 3 075

7 940 – 7 952 – .... – 8 012

4 **Devinettes.**

a) Quel est le plus grand nombre que l'on peut écrire avec 5, 7, 9 et 0 ?

.... Et le plus petit ? ....

b) Quel est le plus grand nombre de 4 chiffres ?

.... Et le plus petit ? ....

Nom : ....

Date : ....

MASTER-NOMBRES

1 Observe ce jeu de Master-nombres où Aïcha a trouvé le nombre choisi par Yann. Colorie en jaune ce qui est écrit par Yann et en vert ce qui est écrit par Aïcha.

5600		5700
	5650	plus grand
plus petit	5675	
	5668	plus grand
plus petit	5672	
	5670	plus grand
Bravo !	5671	trouvé !

Trouvé en 6 coups

2 Tu peux maintenant jouer au Master-nombres avec un de tes camarades.

Trouvé en ___ coups

Nom : ....

Date : ....

ÉVALUATION (4)

1 Colorie en jaune les multiples de 2.

13	24	19	6	12
16	4	10	23	22
5	18	14	20	17
7	11	25	3	9
2	21	8	1	15

2 Colorie en vert les multiples de 5.

28	27	3	36	42
25	12	5	48	24
18	39	44	6	20
30	10	15	33	47
45	32	40	50	35

3 Calcule les multiplications suivantes.

238	164	697	1 098
x 2	x 5	x 2	x 5
....	....	....	....

4 Relie chaque nombre de la colonne de gauche avec son produit par 3.

1	9
2	15
3	3
4	18
5	6
6	12
7	24
8	30
9	27
10	21

5 Relie chaque nombre de la colonne de gauche avec son produit par 4.

2	8
5	20
3	24
9	16
1	12
4	32
6	36
8	4
7	40
10	28

Nom : ....

Date : ....

6 Décompose les nombres comme dans l'exemple.

4 359 = 4 000 + 300 + 50 + 9 = (4 x 1 000) + (3 x 100) + (5 x 10) + 9

4 675 = ...

5 606 = ...

7 078 = ...

7 007 = ...

7 Colorie en bleu les multiples de 6 et en jaune les multiples de 7.

24 49 22 6 3 29 60 1 14 12 67 21 63 52 35 54 8 36 13 28 47 34 18 7 37 48 19 70 25 56 46 30

Il manque un nombre qui est à la fois multiple de 6 et de 7.

Quel est ce nombre ? ....

8 Retrouve les 24 nombres que l'on peut écrire avec les chiffres 1, 3, 5, 8 et range-les dans l'ordre croissant.

....

....

....

9 Pose et calcule les 3 multiplications suivantes.

67 x 25 = ... | 35 x 63 = ... | 138 x 47 = ...

Écris tes calculs :

Nom : ....

Date : ....

ÉCRITURES FRACTIONNAIRES (1)

1 Observe l'horloge et dessine la position de la grande aiguille après une demi-heure.

2 Observe l'horloge et dessine la position de la grande aiguille après un quart d'heure.

3 Observe les horloges ci-dessus, puis réponds aux questions. Complète les écritures.

Combien de demi-heures y a-t-il dans une heure ? ....

Donc .... + ... = ...

Combien de quarts d'heure y a-t-il dans une heure ? ....

Donc $\frac{1}{4}$ + ... + ... + ... = ...

4 Colorie la partie qui correspond à $\frac{1}{2}$, puis à $\frac{1}{4}$.

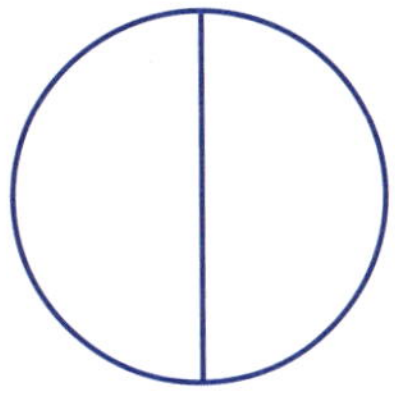

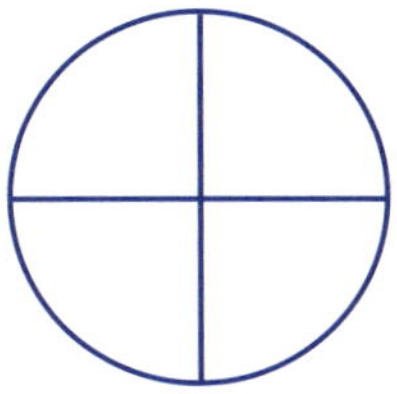

5 Réalise ce qui est demandé.

a) Dans une feuille à petits carreaux, découpe deux carrés de 6 cm de côté.
Plie ces carrés de deux façons différentes de manière à les partager en deux parties identiques. Repasse au feutre le trait de pliage sur chacun des carrés.
Colle les deux carrés au dos de cette feuille et écris la fraction qui correspond à chaque partie du carré.

b) Découpe deux nouveaux carrés de mêmes dimensions.
Cette fois-ci, plie-les de façons différentes de manière à obtenir quatre parties identiques. Repasse au feutre les traits de pliage sur chacun des carrés.
Colle les deux carrés au dos de cette feuille et écris la fraction qui correspond à chaque partie du carré.

Fiche 29b

ÉCRITURES FRACTIONNAIRES

Nom : ....

Date : ....

1 Colorie la partie indiquée.

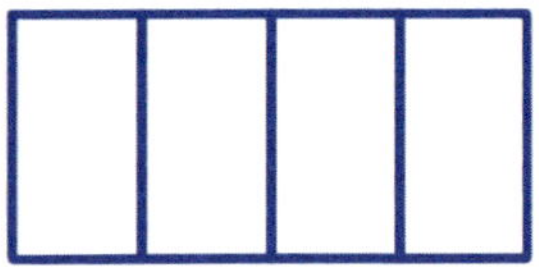

$\frac{1}{4}$

$\frac{1}{4}$

$\frac{3}{4}$

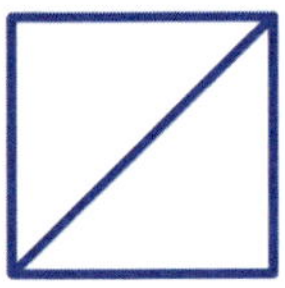

$\frac{1}{2}$

$\frac{1}{2}$

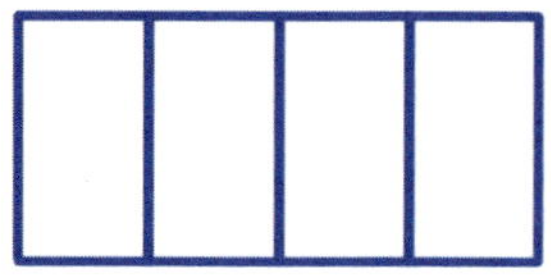

$\frac{1}{2}$

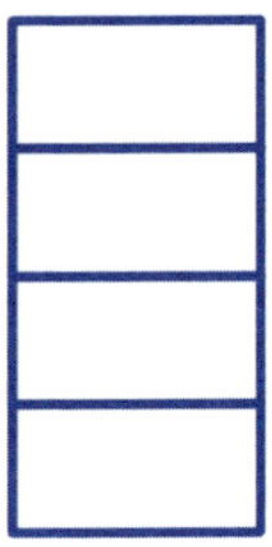

$\frac{3}{4}$

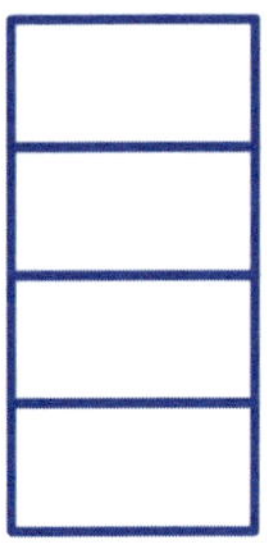

$\frac{1}{2}$

$\frac{1}{4}$

$\frac{1}{2}$

2 Écris la fraction qui correspond à la partie grisée.

....

3 Observe les deux tartes. Écris la fraction de tarte qui reste si on mange 5 parts.

Il reste : ....

Fiche
30a

CONNAISSANCE DES TABLES

Nom : ....

Date : ....

Tables de multiplication par 8 et par 9

1 Prépare ton jeu de Mémory pour la table de multiplication par 8.
Écris ici les deux éléments de la table qui manquent.

.... x .... = ... x .... = ...

2 Colorie les étiquettes des ballons qui contiennent un multiple de 8.

3 Complète le plus rapidement possible.

8 x 2 = ...	8 x 3 = ...	8 x .... = 56	8 x 1 = ...
8 x .... = 64	8 x .... = 32	8 x .... = 24	8 x 10 = ...
8 x 6 = ...	8 x 5 = ...	8 x 4 = ...	8 x .... = 40
8 x 7 = ...	8 x 9 = ...	8 x 8 = ...	8 x .... = 80
8 x .... = 16	8 x .... = 72	8 x .... = 8	8 x .... = 48

4 Calcule les opérations suivantes.

271	534	986
x 8	x 8	x 8

5 Prépare ton jeu de Mémory pour la table de multiplication par 9.
Écris ici les deux éléments de la table qui manquent.

.... x .... = ... x .... = ...

Nom : ....

Date : ....

6 Colorie en bleu les étiquettes où est inscrit un prix multiple de 9.

37 € 66 € 79 € 63 € 19 € 67 € 46 € 36 €

47 € 29 € 9 € 56 € 72 € 75 € 27 € 90 €

86 € 55 € 54 € 64 € 18 € 44 € 39 € 57 €

17 € 45 € 76 € 65 € 69 € 49 € 74 € 81 €

7 Complète le plus rapidement possible.

9 x 2 = ...	9 x 3 = ...	9 x .... = 27	9 x 1 = ...
9 x .... = 81	9 x .... = 18	9 x .... = 90	9 x 10 = ...
9 x 6 = ...	9 x 5 = ...	9 x 4 = ...	9 x .... = 63
9 x 7 = ...	9 x 9 = ...	9 x 8 = ...	9 x .... = 45
9 x .... = 72	9 x .... = 36	9 x .... = 54	9 x .... = 9

8 Calcule les opérations suivantes.

35	23	18	69
x 76	x 67	x 76	x 67

9 Colorie en rouge le multiple de 8 et de 9, en bleu les multiples de 8, en orange les multiples de 9, en jaune les autres nombres.

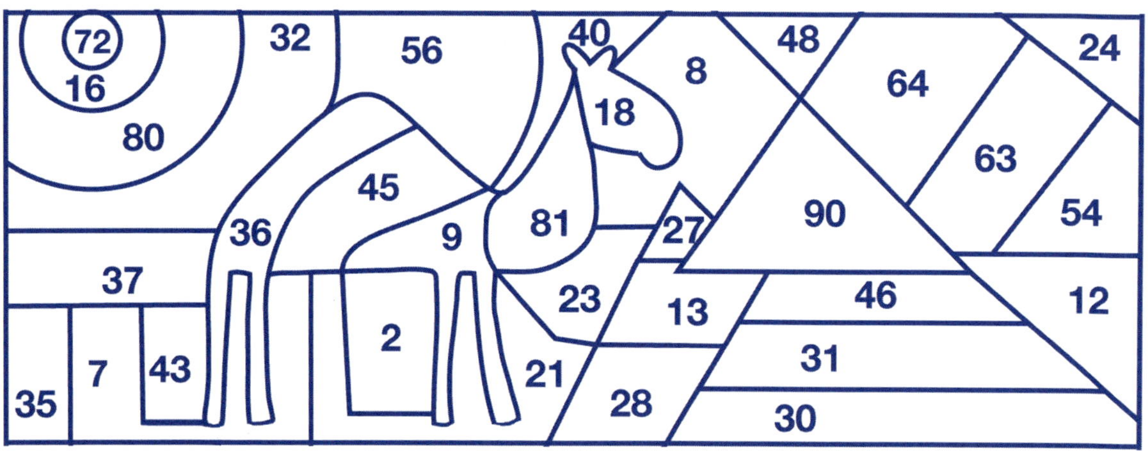

Nom : ....

Date : ....

ÉCRITURES FRACTIONNAIRES (2)

1 **Observe le doseur et complète l'écriture de la fraction qui indique la valeur d'une mesure.**

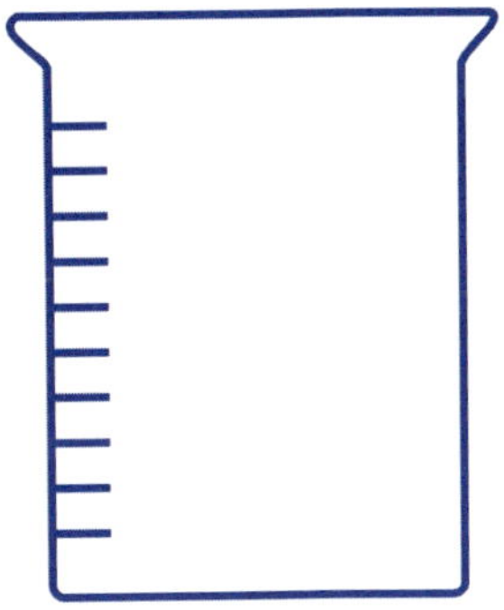

$\frac{1}{\dots\dots\dots}$

2 **Divise cette baguette en 10 parts égales. Écris la fraction qui correspond à une part.**

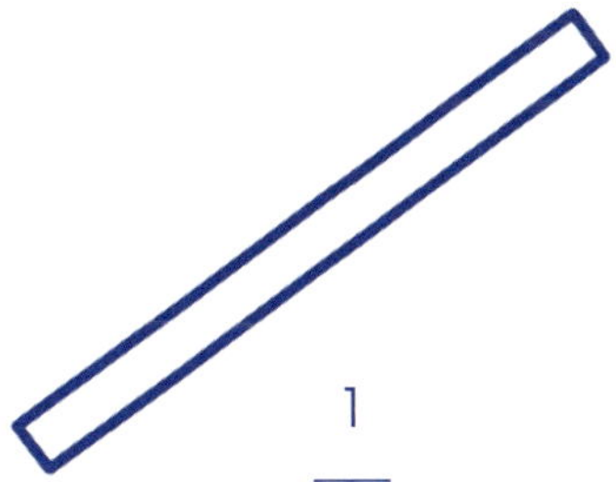

$\frac{1}{\dots\dots\dots}$

3 **Observe les dessins ci-dessus pour répondre aux questions. Puis, complète les écritures.**

Combien de dixièmes de litre y a-t-il dans un litre ? ....

$\frac{1}{10} + \frac{1}{10} +$ .... $= 1$

Ou .... $\times \frac{1}{10} = 1$

4 **Colorie la partie indiquée.**

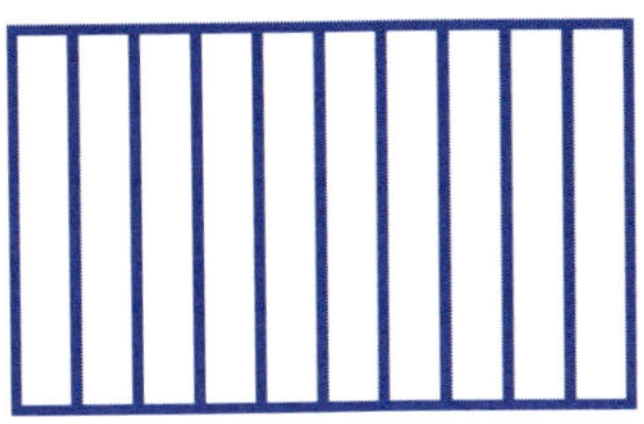

$\frac{3}{10}$

$\frac{5}{10}$

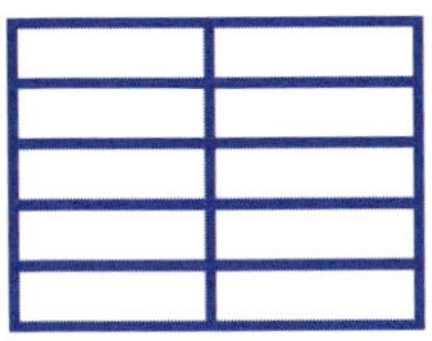

$\frac{8}{10}$

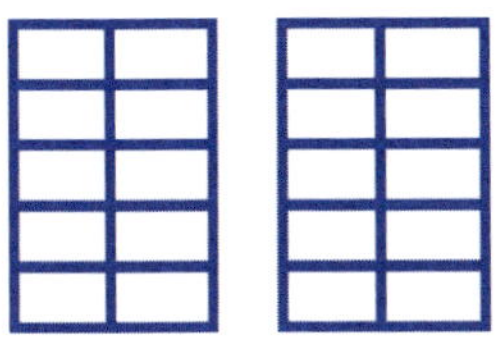

$\frac{13}{10}$

5 **Écris la fraction qui correspond à la partie grisée.**

....

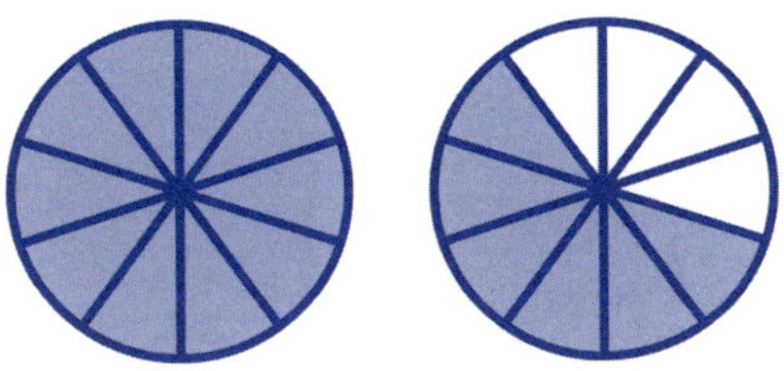

.... ou 1 et ....

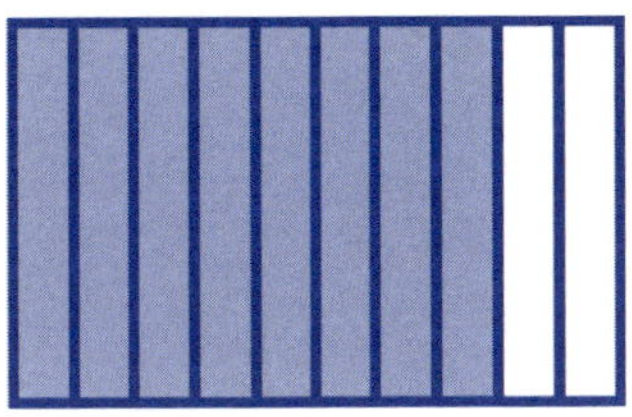

....

Fiche
31b

ÉCRITURES FRACTIONNAIRES

Jeu de dominos

Découpe ces dominos avant de jouer avec un camarade.

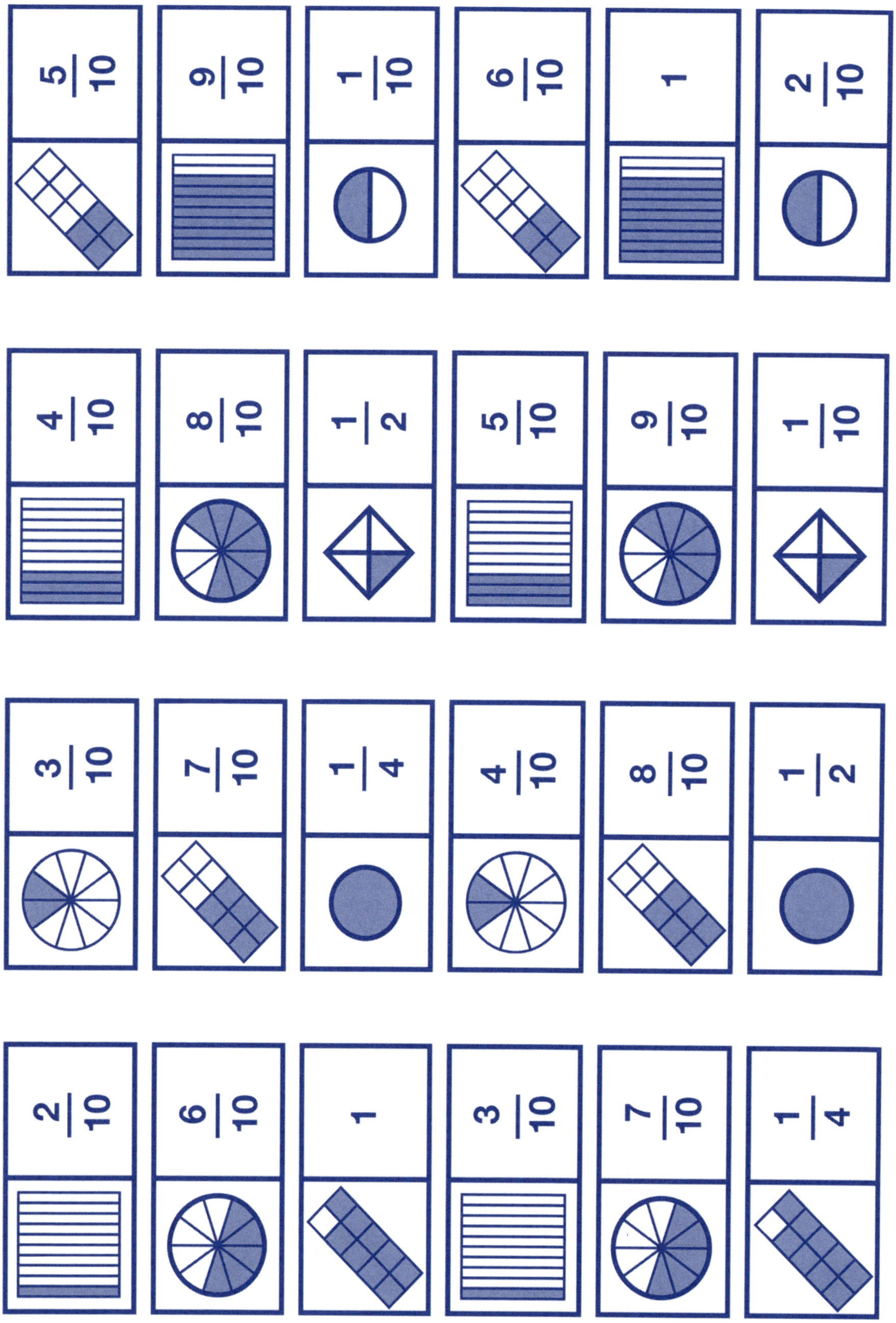

Nom : ....

Date : ....

Relations entre les nombres

Piste de nombres

Complète ce jeu de piste.

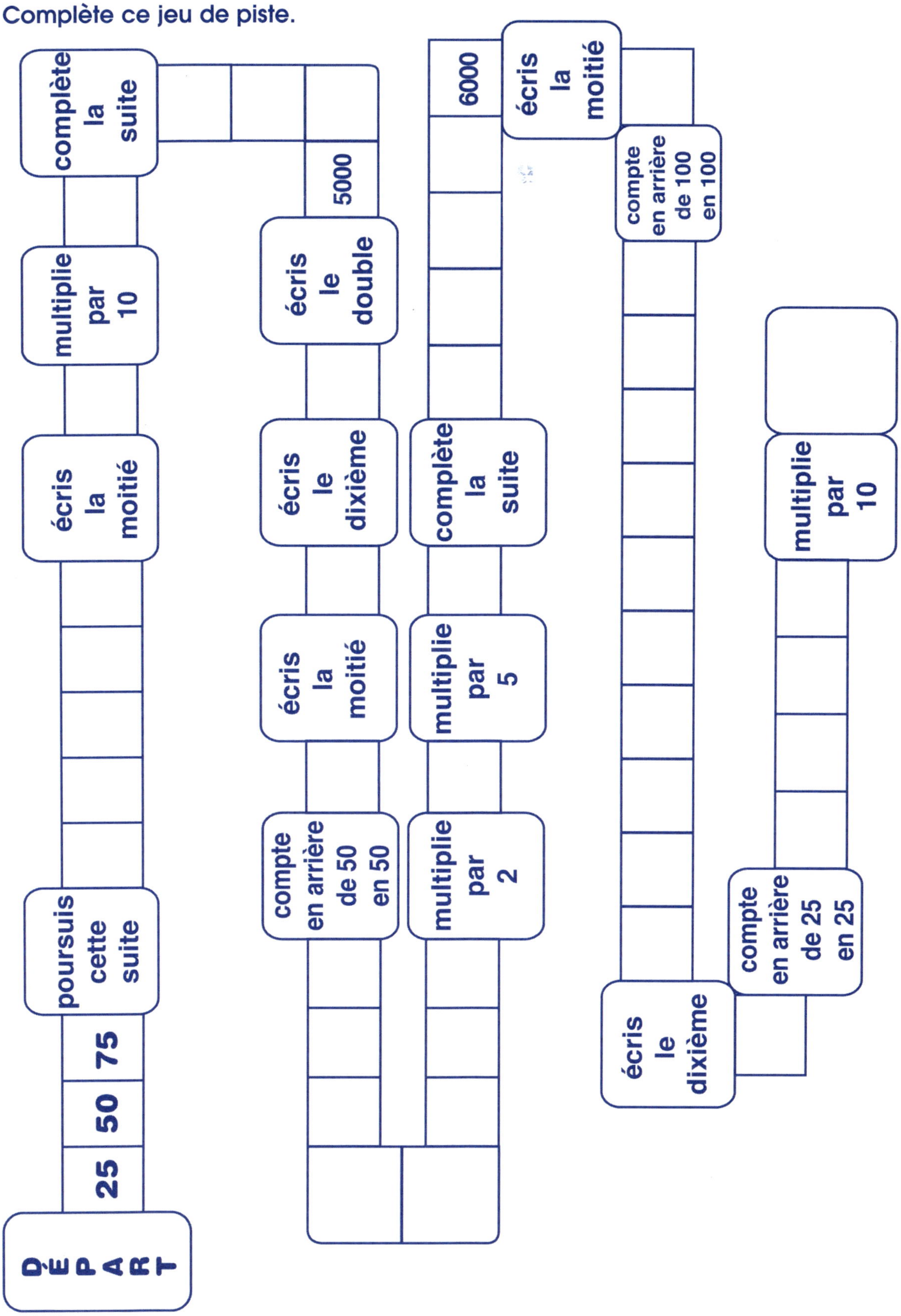

Nom : ……………………………………………………………………

Date : ……………………………………………………………………

1 Complète.

25 x 10 = …………………	12 x 10 = …………………	………………… x 10 = 80
150 x 10 = …………………	………………… x 10 = 1 000	………………… x 10 = 2 500

2 Complète les suites.

25	50						200
700	750						1050
500	450						150
200	175						25

3 Remplis la grille de nombres croisés.

Horizontalement :

1. La moitié de 50. – Le double de 8.
2. Le double de 20. – Le double de 0.
3. La moitié de 10. – La moitié de 16.
4. La moitié de 300.
5. Le double de 250. – La moitié de 18.

Verticalement :

A. Le double de 12. – La moitié de 30.
B. Le double de 25. – La moitié de 100.
C. Le double de 250.
D. La moitié de 20.
E. La moitié de 12. – Le double de 4. – Le triple de 3.

Nom : ....

Date : ....

La division simple

1 Dessine et complète pour résoudre le problème suivant.

Grand-mère Ensucre partage un paquet de 48 bonbons entre ses 8 petits-enfants. Combien de bonbons chacun aura-t-il ?

Opération :

48 | 8

reste → .... | .... ← résultat

Solution :

48 : 8 = ...

Chacun a .... bonbons.

2 Complète.

Dans 48, il y a .... fois 8.

8 x .... = 48.

3 Dessine et complète pour résoudre le problème suivant.

Malik partage un paquet de 50 feuilles entre 9 élèves. Combien de feuilles chacun aura-t-il ?

Opération :

50 | 9

reste → .... | .... ← résultat

Solution :

50 : 9 = ...

Chacun a .... feuilles.

Il en reste ....

4 Complète.

Dans 50, il y a .... fois 9 et il reste ....

(9 x ....) + ... = ...

Nom : ....

Date : ....

1 Lis le problème suivant.

En attendant ses amis, Adeline répartit 48 tartelettes dans 5 assiettes à dessert de façon à ce qu'il y en ait le même nombre dans chaque assiette.
Combien de tartelettes Adeline dispose-t-elle dans chaque assiette ?

2 Utilise ta connaissance de la table de multiplication par 5 pour compléter et calculer la division qui permet de trouver le résultat de ce problème.

a) Pour calculer le résultat de la division, tu dois rechercher combien de fois il y a 5 dans 48. Dans la table des 5, les 2 nombres les plus proches de 48 sont :
5 x 9 = 45
5 x 10 = 50

48	5
.... (reste)	.... (résultat)

b) Explique pourquoi le résultat de la division ne peut pas être 10.

....

c) Complète la division et rédige une phrase pour répondre à la question du problème.

....

3 Résous le problème suivant.

Lucie partage équitablement 32 cartes entre 5 enfants. Combien de cartes chacun aura-t-il ?
Combien de cartes restera-t-il ?

....

....

....

Écris tes calculs :

4 Pose et calcule les divisions suivantes.

44 : 7 = ...   25 : 4 = ...   30 : 5 = ...

Écris tes calculs :

Nom : ....

Date : ....

Utiliser les quatre opérations

Résous les problèmes suivants en respectant les indications.

1 Pour la fête de l'école, le directeur a acheté 36 packs de 24 canettes de soda. Combien de canettes de soda a-t-il achetées ?

Écris l'opération en ligne :

....

Écris une phrase pour répondre à la question du problème :

....

....

Écris tes calculs :

2 Monsieur Latélé s'est offert un téléviseur à écran plat qui coûte 1 879 € et un lecteur-enregistreur de DVD qui coûte 349 €. Combien a-t-il dépensé ?

Écris l'opération en ligne :

....

Écris une phrase pour répondre à la question du problème :

....

....

Écris tes calculs :

3 Dans sa collection d'images, Lionel en a 43 en double qu'il distribue de façon équitable entre ses 5 copains. Combien d'images chacun aura-t-il ? Combien en restera-t-il ?

Écris l'opération en ligne :

....

Écris une phrase pour répondre à la question du problème :

....

....

Écris tes calculs :

Nom : ……………………………………

Date : ……………………………………

4 Jules a classé 572 timbres dans un album. Il doit encore en classer 456. Combien de timbres Jules possède-t-il ?

Écris l'opération en ligne :

……………………………………

Écris une phrase pour répondre à la question du problème :

……………………………………

……………………………………

……………………………………

Écris tes calculs :

5 La famille Loisir part en vacances en voiture à 1 200 km de son domicile. Monsieur Loisir a choisi d'effectuer ce trajet en deux étapes. Pour la première, il parcourra 671 km. Quelle est la longueur de la seconde étape ?

Écris l'opération en ligne :

……………………………………

Écris une phrase pour répondre à la question du problème :

……………………………………

……………………………………

Écris tes calculs :

6 Naïma a acheté 5 paquets de 12 gaufrettes qu'elle partage entre elle et ses 6 camarades de façon à ce que chacun en ait le même nombre. Combien de gaufrettes chacun aura-t-il et combien en restera-t-il ?

Écris les opérations en ligne :

……………………………………

……………………………………

Écris une phrase pour répondre à la question du problème :

……………………………………

……………………………………

Écris tes calculs :

Nom : ....

Date : ....

ÉVALUATION (5)

1 **Colorie la partie indiquée.**

$\frac{1}{4}$ $\frac{1}{2}$ $\frac{3}{4}$ $\frac{1}{2}$ $\frac{3}{4}$

2 **Colorie en rouge le multiple de 8 et de 9, en marron clair les multiples de 9, laisse en blanc les multiples de 8, et colorie en bleu les autres nombres.**

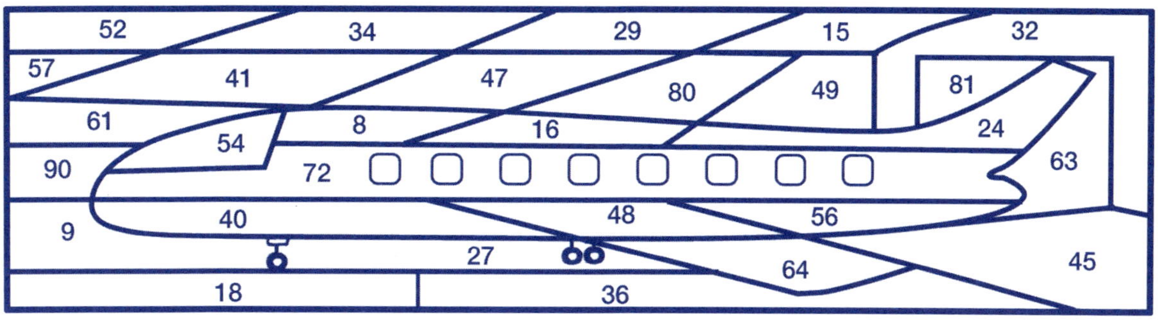

3 **Écris la fraction qui correspond à la partie grisée.**

.... ou ....

4 **Écris les nombres.**

Le double de 12 : ....
La moitié de 50 : ....

La moitié de 10 : ....
Le double de 25 : ....

La moitié de 100 : ....
Le double de 9 : ....

5 **Devinette.**

Si j'écris tous les nombres de 25 à 200 en comptant de 25 en 25, combien vais-je en écrire ?

Solution : ....

Fiche 35b

ÉVALUATION

Nom : ....

Date : ....

6 Pose et calcule les quatre opérations suivantes.

3 200 – 572 = ... | 1 975 + 98 = ... | 65 x 98 = ... | 45 : 6 = ...

Écris tes calculs :

7 Résous les problèmes suivants en respectant les indications.

a) Au magasin de jardinage, Monsieur et Madame Laverdure ont acheté des rosiers pour 78 € et un taille-haie qui coûte 119 €. Pour payer, Monsieur Laverdure donne deux billets de 100 € à la caissière. Combien doit-elle lui rendre ?

Écris les opérations en ligne :

....

....

Écris une phrase pour répondre à la question du problème :

....

....

Écris tes calculs :

b) Grand-mère Gâtoo a cuit 3 fournées de 12 muffins au chocolat qu'elle partage entre ses 5 petits-enfants de façon à ce que chacun en ait le même nombre. Elle a décidé de garder le reste pour elle. Combien de muffins chaque petit-enfant aura-t-il et combien en restera-t-il pour grand-mère Gâtoo ?

Écris les opérations en ligne :

....

....

Écris une phrase pour répondre à la question du problème :

....

....

Écris tes calculs :